My first Cat book

我的第一本养猫书

日本阿尼霍斯宠物医院 著
李 晶 庞倩倩 译

電子工業出版社
Publishing House of Electronics Industry
北京 · BEIJING

猫咪的

猫咪虽然很敏锐，但基本上是“无力派”

只要处于放松状态，猫咪无论在哪里都会毫无防备地躺下来，一天睡 15 ～ 20 小时。

反差萌

猫咪虽然警戒心很强，但喜欢对主人撒娇

猫咪原本是野生动物，对陌生事物的警戒心很强。即使是幼猫，也会摆出威吓的姿势。

猫爸猫妈常常喜欢吮吸主人的手指，围着主人玩耍。

舔脸颊也是“爱你”的表现。

然而有时也特别高冷

本以为是过来撒娇的，没想到却特别高冷，不理人。不过分黏腻也是猫咪讨人喜欢的原因之一。

喜欢挑起好

最喜欢嬉戏打闹

猫咪在和兄弟姐妹、朋友们嬉戏打闹的过程中学习如何控制力度。

猫咪可爱的姿态和动作让主人每天都很开心、幸福

无论是猫咪特有的小动作，还是偶尔人性化的动作，都让人百看不厌。

奇心的游戏

对运动的物体兴趣盎然

猫咪体内残留着猎人的气质，会本能地扑向飞来的物体。

特别喜欢钻来钻去

有个袋子，钻进去！
有个箱子，钻进去！这是猫咪的爱好。

目录
contents

第 1 章 猫咪的特征、种类、成长 & 选择方法的要点

第 2 章 一起生活的准备 & 最初的生活方式

第 3 章 要擅长和猫咪沟通

第 4 章 从猫咪的行为和姿态了解它的心情

第 5 章 日常的护理

第 6 章 与猫咪健康息息相关的饮食

第 7 章 猫咪的健康管理 & 需要注意的疾病

第 8 章 防止猫咪出现让人头疼的行为及对策

第1章

猫咪的特征、种类、成长&选择方法的要点

\ 猫咪的 /
起源

家猫最早源自埃及

猫的祖先是一种叫作“细齿兽”的肉食动物，然后慢慢进化成被称为猫科动物祖先的“原小熊猫”，接着进一步进化成现在家猫的原型“利比亚猫”。利比亚猫喜欢在白天睡觉、夜里出行，现在的猫咪也保留了这样的习性。

从古代开始就喜欢在白天睡觉、夜里出行

据说古埃及人为了保护谷仓，让粮食免遭鼠咬而喂养了很多利比亚猫，这被认为是家猫的起源。

细齿兽

细齿兽不仅是猫的祖先，也是狗、鬣狗等肉食动物的共同祖先。猫咪最初生活在树上，不久后移居到地面上。这个时期猫咪所具有的敏捷性也一直保留至今。

大约5000万年前

原小熊猫

原小熊猫是猫科动物的祖先，生活在大约3000万年前的欧洲。原小熊猫是由细齿兽进化而来的，主要在大森林中生活，靠捕捉鸟类为生。

大约3000万年前

利比亚猫

利比亚猫曾经生活在沙漠中，耐热，拥有依靠少量水就能存活的体质，至今仍然生活在非洲及东南亚的一些地方。

60万～90万年前

现代的家猫

利比亚猫和人类生活在一起后，野性的一面逐渐淡化，变得越来越温顺。现代的家猫在体形、身体机能等方面仍保留着利比亚猫的特征。

现代

※ 插图均为想象图。

虽然有些特立独行，但性情温和

猫咪喜欢划定自己的领地，然后在领地范围内生活，并且喜欢单独行动。它虽然有些特立独行，但会和其他脾气合得来的猫咪一起玩耍，也会向主人撒娇。也许有人认为猫咪是一种比较任性的动物，但是它确实性情温和，而且具有与人类及同类和谐共处的协调性哦！

猫咪作为宠物被人类饲养的历史很长，因此是一种适合与人类共同生活的动物。

猫咪具有这样的特征

亲近人类

因为被人类饲养的历史很长，猫咪具有和人类共同生活的智慧。它貌似知晓和人类的交往方式，比如时而撒个娇。

具有社会性

虽说猫咪具有自由气质，但它也有社会性、协调性。它能与人类及同类和平地生活在一起。

保留着猎人的本性

猫咪原本是“狩猎”的野生动物，直到现在仍具备捕捉猎物的猎人本性。

具有适应环境的能力

猫咪之所以能在世界各地成为宠物，是因为它能适应周围的环境并生存下去。

耳朵

猫咪的听觉敏锐，辨别高音的能力出众。集中长在耳尖的耳簇能感知风向、声波。耳簇随着猫咪的成长会变短。耳朵的肌肉很发达，能够迅速转向声音发出的方向。

折耳猫的耳朵也一样灵敏（图为苏格兰折耳猫）

胡须

胡须的正确说法应该是“触毛”，这里含有大量的神经。如有什么东西触碰了胡须的末端，神经会将信息迅速传递给大脑，然后身体立即做出反应。另外，在通过狭小的地方时，猫咪可以用胡须探测并判断能否顺利通过。

眼睛

猫咪通过瞳孔来调节摄入的光量，具有比人类更加广阔的视野。猫咪的暗视力和动态视力都很好，即使光线昏暗也能很好地分辨物体，眼睛捕捉动态物体的能力超群。但由于视网膜中缺少色觉相关的视锥细胞，据说猫咪很难分辨红色和绿色。

为了调节眼睛摄入的光量，猫咪会在明亮的地方收缩瞳孔（如左上图），在昏暗的地方放大瞳孔（如左下图）。

明亮的地方

昏暗的地方

\猫咪的/

脸部特征

脸周围部位的多种功能

猫咪原本就是一种有狩猎习性的野生动物，现在的猫咪也具备捕捉猎物的猎人本性与能力。猫咪的视野宽广，而且在光线昏暗的环境中能够很好地分辨物体。因此，即使光线昏暗，它仍能准确捕捉到猎物。猫咪的听力超群，只要有一点动静就可以马上察觉到猎物的位置。猫咪的嗅觉敏锐，区分气味的能力出类拔萃。这些都是为了让猫咪判断是否有外敌侵入，探知附近是否有猎物。

鼻子

猫咪的鼻子虽不如狗鼻子灵敏，但对气味的感知能力远远超过人类。猫咪的鼻子之所以总保持着适当湿润，是为了让气味分子更易附着。猫咪不喜欢刺激性气味，喜欢木天蓼和猫薄荷的气味，不喜欢柑橘类的气味。

嘴巴

猫咪的舌头很粗糙，很适合用来打理被毛。猫咪口腔内分解酶的系统和唾液成分与人、狗都不同，因此猫咪能感知到苦味、酸味、咸味等，但无法感知到甜味。猫咪共有 26 颗乳牙，在出生后 3 ～ 8 个月换牙，有 30 颗恒齿。从乳牙时期开始，猫咪的牙齿就很锋利，很符合肉食动物的特征。

猫咪的舌头

舌头表面的倒刺、粗糙的小凸起叫丝状乳头。

猫咪的牙齿（乳牙）

猫咪是肉食动物，有门齿（将肉从骨头上剥离下来）、犬齿（咬住猎物）、臼齿（将肉磨碎），颗颗锋利。

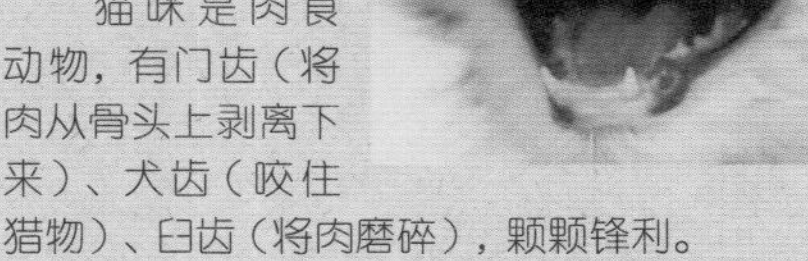

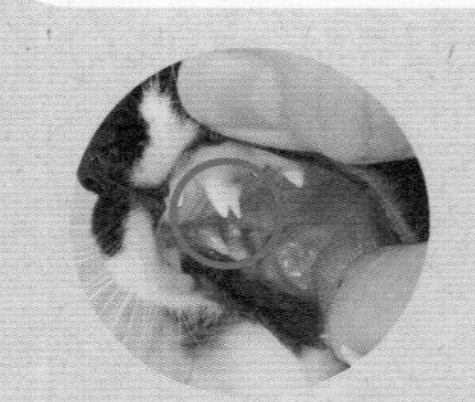

乳牙脱落前恒齿已长出，是罕见的“双排牙”

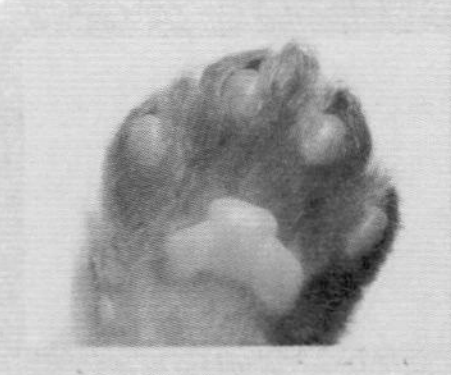

肉球

指甲

肉球由富含脂肪的弹性纤维构成，在猫咪跳起之后落地时能起到缓冲的作用，同时具有吸音效果，让人听不见猫咪走路的声音。这也是猫咪唯一出汗的部位，具有防滑的作用。肉球因聚集着很多神经所以比较敏感，很多猫咪不喜欢人类触碰自己的肉球。

猫咪刚出生时，指甲是显露在外面的（如上图），出生后 3 周左右指甲就可以自由伸缩了。老了以后，指甲也容易显露在外面。猫咪磨爪不是为了打磨指甲的尖端，而是为了磨掉旧指甲，让下面新长出来的尖锐指甲显露出来。

躯干

猫咪的骨骼构造与小老虎、小豹子相似。猫咪的脊椎柔软呈弓形，能大幅度弯曲，且因肩胛骨不固定，所以能通过狭小的地方。从高处跳下来的时候，它的身体可以大幅扭转，让腿部先着地。

前腿

猫咪看见运动的物体就会立刻捕捉。一旦看见让它好奇的东西就坐不住啦！前腿有 5 个脚趾、7 个肉球。

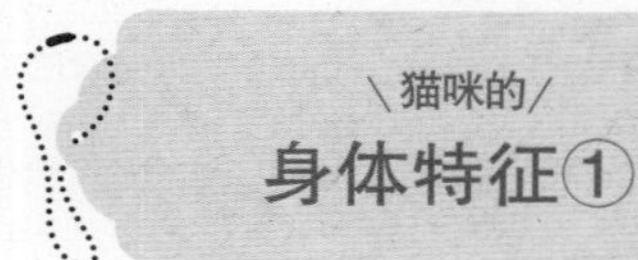

猫咪的体格具有狩猎动物的特征

猫咪体内至今仍残留着其在野生动物时代捕捉猎物的猎人本性，所以看见运动的物体就会马上下手，或者飞奔过去。为了捕捉猎物，它拥有优秀的身体机能。猫咪既可以轻松地跳到高处，也可以毫不费力地从高处跳下来。因为爪子上有肉球，猫咪即使从高处跳落也不会发出声音，能静悄悄地走动。

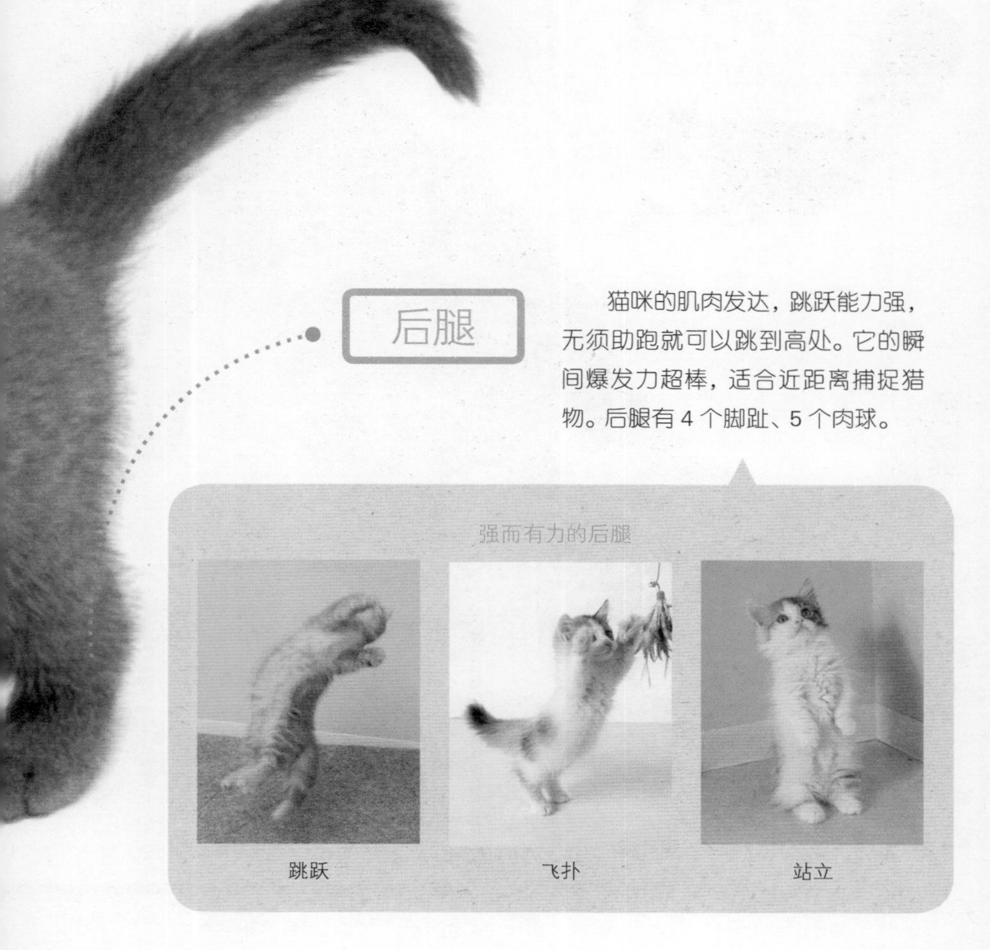

\猫咪的/
身体特征②

尾巴

猫咪之所以能前后左右随意摆动尾巴，让柔软顺滑的动作成为可能，是因为俗称尾椎的短骨成排连接直至尾巴末端，短骨周围又附着着 12 块肌肉。尾巴的动作与猫咪的情绪密切相关，我们可以通过猫咪尾巴的动作读取猫咪的情绪。猫咪的尾巴直到末端都有神经，在跳起和落地时还具有保持身体平衡的作用。

尾巴的长度与粗细各不相同

毛发

猫咪会掉毛，特别是到了春秋换毛季更容易掉毛。因为不能抖落身上的水，猫咪一旦被淋湿身体则很难变干，体温容易下降。

猫咪也有血型

猫咪和人类一样也有不同的血型。猫咪的血型有 3 种，分别是 A 型、B 型和 AB 型。据说大部分猫咪都是 A 型血，AB 型血的非常少。根据猫咪的种类不同，有时候也能看见 B 型血的猫咪。据说英国短毛猫、德文卷毛猫、柯尼斯卷毛猫中 B 型血的较多。当猫咪因受伤、生病等需要输血时，可以在医院检查其血型后再为它输入合适的血液。

适合饲养的人气猫咪大集锦

猫种图鉴20种

猫咪分为纯种猫和混血猫（杂种）。

纯种猫是人们通过让猫咪进行有计划的交配而产生的，这样的猫咪会有血统证书。而混血猫则是猫咪通过自由交配，跨越品种的界限而产生的。

混血猫继承了猫爸猫妈双方的特征，展现出独特的容貌。

而纯种猫则根据品种的不同，其外表特点也是各种各样的，但是大致可以分为被毛较长的“长毛种”和被毛较短的“短毛种”。

据说全世界纯种猫的品种有40～50种，实际情况并不清楚。

在这里，我们给大家介绍一下适合饲养的20种人气猫咪。

混血猫也有很多种

父母品种不明。有时候父母的毛色不同，也会生出让人意想不到的三花猫哦。（6岁，母猫）

这只猫咪的妈妈是曼切堪猫，爸爸是缅因库恩猫。其腿部稍短、体格较大、被毛较长的特点很像爸爸。（3岁，母猫）

想要了解纯种猫的特征，请翻看下一页

柔软、韵律感十足的身材

阿比西尼亚猫

这是从埃塞俄比亚带到英国，人为进行品种改良之后产生的猫种。埃塞俄比亚曾被称作“阿比西尼亚”，因此人们就给这一猫种起名叫“阿比西尼亚猫”。正如此猫种展现出的野性姿态，它的运动神经发达，叫声如摇曳的银铃般美妙。

基本数据

特征●像豹一样的体格，肌肉紧绷。被毛中有金黄的斑纹（条纹状）。一根毛发上混合了多种颜色，因此在光照下或运动的时候，会呈现出闪闪发光的效果

性格●与人亲近，喜欢撒娇。通常较为温顺，但有时候也会有神经质的一面

体重● 3～5 千克

原产国●英国

翻卷的耳朵很特别

美国卷耳猫

一对住在美国加利福尼亚州的夫妻，将捡到的耳朵翻卷的迷途猫带回家，并让其与其他猫咪进行交配后，产生了这样一个猫种。这种猫咪的耳朵形状很独特，出生不久时耳朵是直立的，到 4 个月左右才会变得翻卷，但是只有一半猫咪耳朵会卷得非常漂亮。

基本数据

特征●向后翻卷的耳朵是其一大特征。被毛很柔软，腹部几乎没有毛。只要耳朵是翻卷的，不论被毛是什么颜色和花纹，都被认为是美国卷耳猫

性格●与人亲近，温顺、聪明

体重● 3～5 千克

原产国●美国

※ 这里的体重采用的是成年母猫和成年公猫体重的平均值。

体力超群，性格也很棒
美国短毛猫

来自英国的移民们为了治理鼠患，将猫咪带到美国，这就是美国短毛猫的起源。这一猫种身体结实、性格很好、适应性强，是一种很适合家养的猫咪。这种猫咪的体力很好，因此需要让它尽情玩耍哦！

基本数据

特征●肌肉结实，体格最具猫咪的特征。被毛厚实华丽。除在日本很有人气的银虎斑外，还有黑色、白色等多种颜色

性格●与人亲近，温顺、聪明、喜欢冒险
体重● 3 ~ 6 千克
原产国●美国

扁平的脸部，满满的温柔
异国短毛猫

“既有波斯猫的特征，同时被毛又较短，易于打理。”为了满足猫咪饲养者的这种美好愿望，猫咪繁育者通过让波斯猫和美国短毛猫进行交配而研究出了这样的猫种。瞧，它是不是有一种优雅、成熟、稳重的气质呢？

基本数据

特征●两只圆圆的眼睛离得似乎有点远，塌鼻梁给人的印象深刻。身体沉甸甸的，肌肉丰富，很结实

性格●温顺、沉稳
体重● 3 ~ 5.5 千克
原产国●美国

野性、匀称的体形是它的魅力

欧西猫

“欧西猫”是效仿拥有美丽虎斑纹的野生豹猫而命名的。这种猫咪的外表似乎拥有豹子的野性，但实际上性格很温顺，几乎不怎么叫，即使叫两声，声音也非常小。

基本数据

特征●骨骼和肌肉都很匀称。被毛细密，拥有像豹子一样美丽的斑纹
性格●在完全适应环境之前具有很强的戒备心，温顺，喜欢撒娇
体重● 3～6千克
原产国●美国

颜色和花纹更加丰富的暹罗猫

东方短毛猫

英国的繁育者在繁育纯白色暹罗猫的过程中培养出了这种猫咪。这种猫咪的颜色和花纹各式各样，然而脾气几乎与暹罗猫相同。它的身材很苗条，在给它喂食的时候一定注意不要过量哦。

基本数据

特征●从韵律十足的身躯中伸展出细长的四肢，眼睛的形状像杏仁。被毛如丝绸般细密，手感很顺滑
性格●重感情，喜欢撒娇，也会有一点神经质
体重● 3～4千克
原产国●英国

外表孤傲、性格友善

暹罗猫

这是在泰国自古以来就受人喜爱的猫种，受喜爱程度和波斯猫相当，在短毛种猫咪中拥有稳固的人气。其高雅纤细的外表让它看起来似乎有些孤傲冷漠，然而实际上与人非常亲近，活泼好动。

基本数据

特征●眼睛的颜色是神秘的宝石蓝。身材纤细、动作灵活轻快。被毛短而细密，脸部、耳朵、四肢、尾巴上都有明显的重点色哦

性格●有任性的一面，但很重感情，与人非常亲近。这种猫咪很喜欢“吃醋”，因此不太适合与其他猫咪共同饲养

体重● 3～4 千克　原产国●泰国

小小的身躯、闪亮的大眼睛

新加坡猫

这种猫咪源自新加坡的街头。虽然它的祖先是在下水道里生活的野猫，但其外表优雅精致。它性格温顺，几乎不怎么叫，即使叫两声，声音也非常小。

基本数据

特征●即使是成猫，体重也只有 3 千克左右，是一种拥有迷你身材的猫咪哦。大大的杏仁形眼非常独特，被毛很短，每根毛发上都有很多种颜色，看起来非常美丽

性格●稳重、温顺、好奇心强，但有一些胆小

体重● 2～3.5 千克

原产国●新加坡

弯折的耳朵像布娃娃一样可爱
苏格兰折耳猫

这种猫咪源自苏格兰的农场，耳朵弯折。刚出生的小猫耳朵并不是弯折的，出生后 2 ～ 3 周开始变得弯折，但也有半数左右的猫咪耳朵是不弯折的。

基本数据

特征●弯折的耳朵，圆圆的脸蛋和眼睛，再加上圆滚滚的身体，真是太萌了。被毛浓密、柔软且富有弹性。有短毛种和长毛种两类
性格●温柔可人，也能够包容其他猫咪，适合与其他猫咪共同饲养
体重● 3 ～ 5 千克
原产国●英国

这种猫咪也很有人气哦！
塞尔凯克卷毛猫

这是 1987 年美国的繁育者通过让胡须及被毛卷曲的混血猫和波斯猫进行交配而产生的猫种。圆圆的眼睛和胖乎乎的身体，再加上独特的卷曲胡须和被毛，也是很有魅力的哦。

阿比西尼亚猫的长毛类型
索马里猫

繁育者通过将变异的长毛型阿比西尼亚猫作为一个新品种来培育而研究出了索马里猫。它继承了阿比西尼亚猫的所有特征，就连银铃般的叫声也是一模一样。长长的被毛又给它增添了一份优雅。

基本数据

特征●拥有丝绸般柔软顺滑的双层被毛，一根毛发上混合了 10 种以上颜色。身体像阿比西尼亚猫一样，肌肉紧绷，柔韧性好
性格●类似于阿比西尼亚猫，喜欢撒娇。但敏感胆小，不适合与其他猫咪共同饲养
体重● 3 ～ 5 千克
原产国●英国

继承了暹罗猫和缅甸猫的优点

东奇尼猫

这是 20 世纪 60 年代繁育者通过让暹罗猫和缅甸猫进行交配而产生的猫种。这种猫咪乍一看好像非常优雅稳重，但实际上活泼好动，很爱吃东西，因此需要为它提供营养价值较高的饮食和适合运动的环境。

基本数据

特征●身体柔软灵活，被毛很有光泽。继承了缅甸猫的圆脸和身材，被毛上的重点色则继承了暹罗猫的特征

性格●像暹罗猫一样重感情，像缅甸猫一样喜欢玩耍，社交能力也很强哦

体重● 3 ～ 6 千克

原产国●美国

美丽的被毛随风飘动，走起路来很优雅

挪威森林猫

这是生于极度寒冷的挪威，在大自然中成长起来的猫种。丰厚的被毛和强壮的体格让这种猫咪很耐寒。它看起来沉稳优雅，实际上强壮有力，跳跃性很好，动作也非常灵敏。

基本数据

特征●骨骼较大，肌肉结实，体格强壮。厚重奢华的防水被毛使它的身体看起来更大了

性格●安静、独立、重感情，与人亲近

体重● 5 ～ 7 千克

原产国●挪威

纤细的四肢像穿着袜子一样

伯曼猫

这是一种“高贵”的猫种。据说它的祖先是传说中可以看见高僧死去的缅甸圣猫，之后传到法国。繁育者使其进行交配，由此形成了一个品种并扩散到世界各地。

基本数据

特征●柔软奢华的被毛。脚部是白色的，四肢像穿着袜子一样，眼睛的颜色是神秘的宝石蓝。身体沉甸甸的，肌肉发达
性格●温顺敏感，几乎不怎么叫
体重● 4.5 ～ 6 千克
原产国●缅甸

祖先是专门用于治理鼠患的工作猫

英国短毛猫

它的祖先是罗马时代人们为了治理鼠患而从罗马带到英国的猫咪，据说后来成为英国的土著猫，并形成了一个品种。它对环境的适应能力很强，想要做什么事的时候，总是自己悄悄行动。

基本数据

特征●身体结实，肌肉发达，有大大的圆脸。公猫比母猫的体格更加庞大。被毛短而细密，有着天鹅绒般的触感
性格●总是悠闲自得的样子，很聪明，有时候也喜欢撒娇
体重● 4 ～ 5.5 千克
原产国●英国

长毛种的代表，很有人气的猫咪
波斯猫

这是在所有猫种中，生存年代最久远的一个品种，据说源自亚洲，但是其具体来源并不清楚。它正式被作为猫种承认是在英国。它的被毛很长，姿态优雅。让人怜爱的外表使它长久以来备受人们的喜爱。

基本数据

特征●圆滚滚的身体让它看起来有些胖，但实际上肌肉结实。拥有又大又圆的眼睛和扁平的鼻梁。柔软的双层被毛细密丰厚
性格●温顺，与人亲近。喜欢独自静静地玩耍，几乎不怎么叫
体重● 3 ~ 5.5 千克
原产国●英国

展现了亚洲豹猫的野性魅力
孟加拉猫

繁育者通过长年的研究，想要创造出一种流淌着野性的血液，同时拥有美丽斑纹的猫咪，结果就产生了继承亚洲豹猫血统的孟加拉猫。

基本数据

特征●体格较大，看起来很结实，肌肉发达，身体沉甸甸的。被毛中有野性的斑纹，触感柔顺
性格●虽然很有野性，但是社交能力很强。喜欢撒娇，与人亲近，很好饲养
体重● 5 ~ 8 千克
原产国●美国

躯干较长、腿部较短，造型很有趣
曼切堪猫

它的祖先是由于基因突变而产生的短腿猫咪。虽然猫爸和猫妈都是短腿，但有时候也会生出长腿的孩子哦。

基本数据

特征●四肢非常短，却没有给它的行动带来不便。肌肉结实，有的被毛较长，有的被毛较短

性格●好奇心很强，求知欲旺盛，性格开朗。非常信赖主人，喜欢撒娇

体重● 3 ~ 5 千克

原产国●美国

庞大的身体加上奢华的被毛，让它很有人气
缅因库恩猫

关于这种猫咪的起源有很多种说法，基本上说得最多的是北美的本地猫咪。由于它在大自然中生存，可以推测其体格强壮、意志顽强。成年公猫的体重甚至会超过 10 千克，体格庞大。

基本数据

特征●双层被毛又厚又长，体格强壮，肌肉结实，在猫咪中属于体形较大的猫种

性格●外向、好奇心强、温顺、聪明，有时候也很安静，喜欢自由

体重● 5 ~ 8 千克

原产国●美国

这种猫咪也很有人气哦！

拉邦猫

1982 年，拉邦猫的祖先出生于美国俄勒冈州的农家。柔软独特的卷毛是其一大特征，温顺聪明，喜欢撒娇，爱玩耍。

非常柔软，就像一个会动的布偶一样

布偶猫

它的祖先于 20 世纪 60 年代出生于美国加利福尼亚州。正如它的名字“布偶”一样，它性格温顺，被毛丰厚，属于体形较大的猫种，有的成年公猫甚至将近 10 千克。

基本数据

特征●双层被毛顺滑柔软，胸部被毛厚实。骨骼较大，体格强壮
性格●对人类很顺从，特别温和。虽然平时表现沉稳，但有时也会撒娇
体重● 3 ～ 7 千克
原产国●美国

闪耀的灰蓝色被毛很神秘

俄罗斯蓝猫

这是最初传到日本的短毛种洋猫，其外表看起来很神秘，在日本很有人气。眼睛的颜色从幼猫期的金色渐渐变成绿色。

基本数据

特征●眼睛像绿宝石，被毛闪耀着灰蓝色，柔软的短毛细密丛生。身体纤细但肌肉结实
性格●敏感内向，喜欢安静，对人类很顺从，喜欢撒娇，几乎不怎么叫
体重● 3 ～ 5 千克
原产国●俄罗斯

一眼就能看懂!

成长日历——健康成长、生活的过程

	0～2个月 奶猫期						2个月～1岁半 幼猫	
年龄（出生后）	1周	2周	3周	1个月	1个半月	2个月	3个月	4个月
成长*	●脐带脱落/每天体重增加10～20克/指甲是露出来的	●眼睛睁开/耳朵也可以听见声音啦	●小乳牙长出来了/指甲也可以自由伸缩了	●能够自己调控体温了	●乳牙长齐了		●体重超过1千克	●恒齿长出来了/母猫开始发情/体重超过2千克
健康（依据WSAVA*的理想接种日程安排）					●1个半月 第一次接种混合疫苗	●2个月左右 第二次接种混合疫苗 接受健康检查	●3个月 第三次接种混合疫苗	●4个月 第四次接种混合疫苗
生活	●吃奶、排泄、睡觉反复进行		●社会化时期开始了/开始喂断奶食/小猫之间开始嬉戏打闹	●开始活泼地运动、玩耍	●开始跳跃，断奶之后开始喂猫粮（6周左右）	●从来到家里的那一天起，就开始训练猫咪吃饭和上厕所/进行社会化训练	●社会化训练到这个时候可以停止了	

* 成长情况的标准是平均值，存在个体差异。
* WSAVA 指的是世界小动物兽医师大会。

1岁半～7岁
成猫期

7岁之后
老猫期

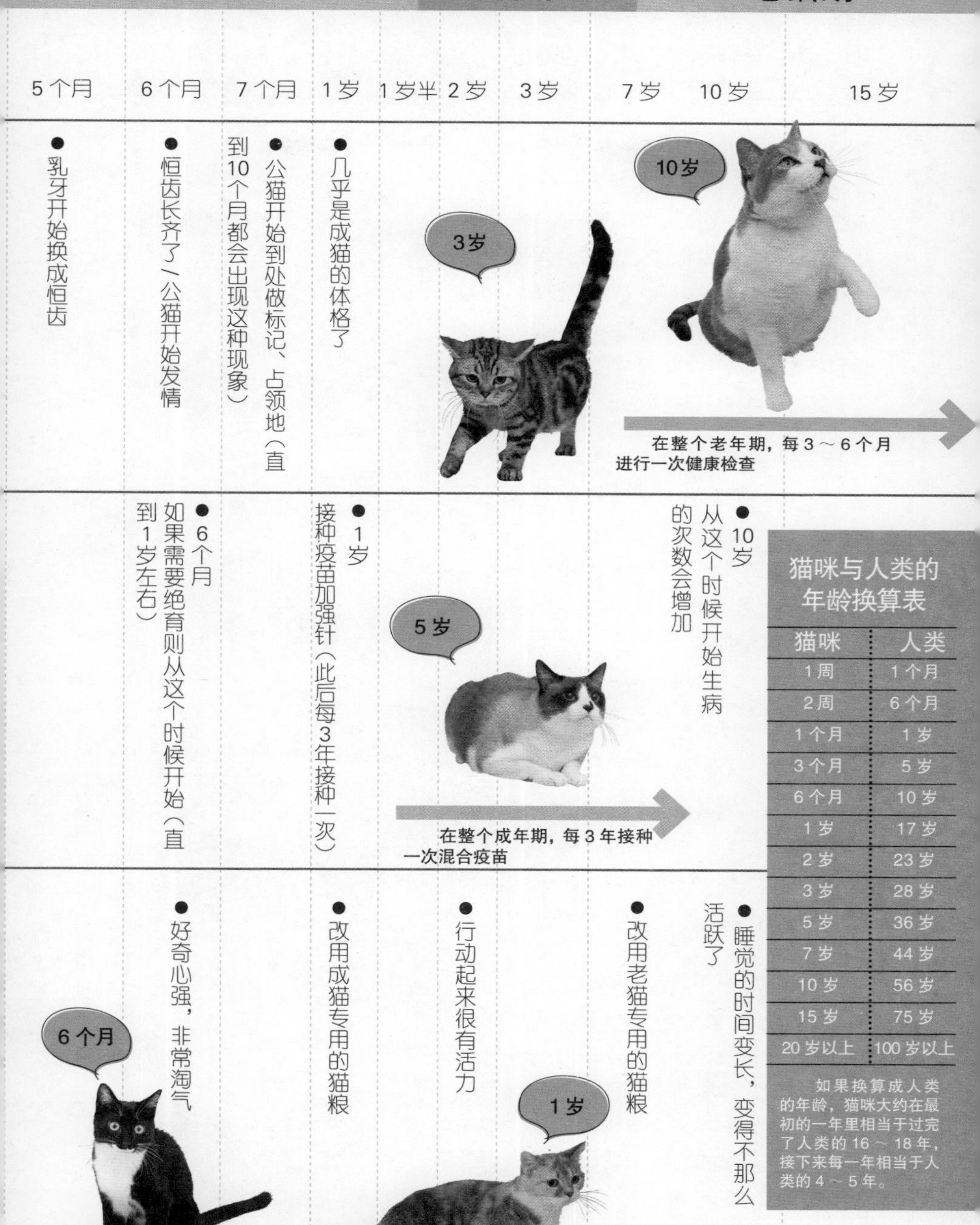

猫咪与人类的年龄换算表

猫咪	人类
1周	1个月
2周	6个月
1个月	1岁
3个月	5岁
6个月	10岁
1岁	17岁
2岁	23岁
3岁	28岁
5岁	36岁
7岁	44岁
10岁	56岁
15岁	75岁
20岁以上	100岁以上

如果换算成人类的年龄，猫咪大约在最初的一年里相当于过完了人类的16～18年，接下来每一年相当于人类的4～5年。

0 ~ 2 个月 体重标准：100 ~ 1000 克

奶猫期

直到1个月左右都在母猫的身边成长

刚刚出生的小猫体重为 100 ~ 120 克，从出生直到 3 周左右都是母乳喂养。母猫通过舔小猫的肛门和尿道刺激它进行排泄。如果母猫不在身边，主人就需要给小猫喝猫咪专用的奶粉并且帮助它进行排泄，同时有必要做一些替代母猫护理小猫的事情。从 3 周左右开始就要给小猫吃断奶食并且让它学会自己排泄。

从3周左右开始进入社会化时期

从 3 周左右开始，小猫就进入了学习各种事物的社会化时期。直到 3 个月左右，我们需要让小猫习惯很多事物，并训练它上厕所。从把小猫迎接到家里的那一天起，直到小猫成长为成猫，需要让它体验各种各样的事物。

第一次接种疫苗

到了 2 个半月 ~ 3 个月，小猫从母猫身上获得的免疫抗体就用完了，因此需要在 2 个月之前第一次接种混合疫苗。根据不同的宠物店或饲养者的习惯不同，有的猫咪可能在被转让之前已经接种了疫苗，因此我们在获取猫咪的时候需要和对方确认。

让猫咪习惯被触摸

在奶猫期，不需要对猫咪进行特别的护理，但是为了今后护理能够顺利进行，并且让它在医院接受治疗时能乖乖听话，要尽早让它习惯人们对它的触摸，这一点非常重要。迎来猫咪之后，一定要尽早与它进行身体接触，要让猫咪在被触摸的时候不会感觉讨厌才行哦。

2 个月～1 岁半 体重标准：1～5.5 千克

幼猫期

3个月

充分供给营养价值较高的猫粮

从出生开始直到 7 个月都是猫咪身体快速成长的重要时期，需要给它充足的优质营养。我们可以根据猫咪的月龄和年龄来选择营养价值较高的猫粮，为猫咪提供充足的食物。

考虑做绝育手术

猫咪成长得较快，有的母猫在 4 个月左右就会迎来第一次发情，因此要考虑为它做绝育手术的话，最好在 6 个月至 1 岁时进行。公猫的绝育手术也建议在同一时期进行。

1岁

从出生后3周直到3个月都要留心培养猫咪的社会化能力

从 3 周左右开始，猫咪进入社会化时期，5～7 周是关键期，一直到 3 个月都很重要。这个时期要让它熟悉各种各样的事物，最好适当增加猫咪与外人或别的动物接触的机会。

做好接种疫苗的工作

把猫咪迎接到家里之后，过几天等它安顿下来，就要带它去宠物医院接受健康检查，可以和医师商量何时为它接种疫苗，最好尽早制订计划，心丝虫病的预防接种也要列入计划。如果是捡来的流浪猫，我们还要与医师商量尽早为它驱除跳蚤、螨虫等。

1岁半～7岁 | 体重标准：3.5～5.5千克

成猫期

不同的季节要对猫咪的身体进行不同的护理，并对环境进行调整

猫咪的换毛和发情等在不同的季节会表现出不同的特征，我们要根据不同时期的情况对它进行护理。另外，在炎热的夏天和寒冷的冬天，为了让猫咪能够舒适地生活，需要根据不同的季节对环境进行调整。

要时常确认猫咪是否充分地玩耍了

从奶猫期到幼猫期，猫咪对什么都感兴趣，喜欢嬉戏玩耍。等到过了这个时期，猫咪的行为就会变得稳重，喜欢在自己满意的地方悠闲度日。但是为了满足猫咪的狩猎本能并预防肥胖，一定要时常确认是否给猫咪创造了一个可以充分玩耍的环境，有时候也可以用玩具来引导猫咪玩耍。

继续预防疾病

从1岁以后，有必要每3年为它接种一次疫苗。即使是室内饲养的猫咪，主人或客人也会把猫咪带到室外，因此猫咪有可能因感染病毒而生病。另外，在猫咪生病需要住院或我们需要旅行而把猫咪寄养在宠物旅馆时，如果没有给猫咪接种疫苗，这些机构在大多数情况下都不会接受猫咪。

饮食管理也很重要

为了维持猫咪的健康，给猫咪的食物一定要适量。成猫比幼猫所需的能量要少，因此我们要注意食物的量，有必要根据猫咪的体格给予它相应热量的食物。

老猫期

7 岁之后 | 体重标准：3.5 ～ 5.5 千克

猫粮改用老猫专用的猫粮

随着年龄的增加，猫咪的消化能力不断减弱。食物要选择营养价值高、易消化的老猫专用的猫粮。另外，为了减轻其消化器官的负担，使其保持良好的健康状态，我们要从奶猫期就让猫咪养成定时定量的饮食习惯。

打造没有压力的生活环境

对于老猫来说，最怕的就是“压力”！我们要为它打造一个冬暖夏凉、不会对身体造成任何负担的生活环境。另外，餐具、水碗的位置及厕所的入口等也要设置得比平时略低一些，让老猫使用起来更加方便。这时的猫咪会越来越难以适应新物品。

增加定期体检的次数

这时的猫咪身体各种机能开始下降，抵抗力变弱，很容易患上各种各样的疾病。特别是 7 岁以后，癌症的发病率会显著升高。猫咪生命中 3 个月的时间大约相当于人类的 1 年，因此最好半年就为它体检一次。如果猫咪已经超过 10 岁，那么最好每 3 个月就进行一次健康检查。

给老猫更加细致的关怀

老猫的身体不再柔软，开始变得不太会自己清理被毛。特别是长毛种猫咪，我们需要仔细地为它清理被毛。到了 15 岁左右，老猫指甲的伸缩能力会减弱，指甲基本都是显露在外面的，自己磨爪的次数也会减少，因此我们每个月都需要给它剪一次指甲哦。

从哪里获得猫咪

首先要有饲养猫咪到它生命最后一天的思想准备

所谓“饲养猫咪”，就是把猫咪当作家庭的一员迎接到家中，负责任地养育它，让它度过幸福的一生。当我们决定养猫的时候，就一定要珍惜猫咪宝贵的生命，做好饲养猫咪到它生命最后一天的思想准备。现在我们就开始寻找猫咪吧！

猫咪的获得方法

购买

从繁育者处

如果已经确定了想要饲养的猫种，就可以直接从繁育者处购买。所谓繁育者，主要指的是进行纯种猫繁殖工作的个人或团体。可以通过繁育者协会的介绍及猫咪的专业杂志来获取信息，当然首先要进行咨询。如果有想要的猫咪，可以亲自去看一看，了解一下猫咪的饲养环境和母猫的情况。繁育者一般都是相关猫种的专家，可以为我们进行详细的说明。如果你对猫咪的血统比较在意，那么这里会比宠物店更能满足你的期望哦。

从宠物店处

宠物店的优点是身边随处可见，而且店里会有各种各样的猫咪供顾客挑选。但是把猫咪长时间放置在店内展示，我们并不清楚猫笼有没有定期清扫，保持卫生。如果店内的管理有些疏忽，也许会对猫咪的身体产生不良影响。因此，在购买的时候一定要仔细确认猫咪的状态和店内的卫生情况。更重要的一点是，要选择在购买之后仍然能在猫咪的饲养方式上提供咨询的店铺。

在网上购买有一定的风险

不论是繁育者还是宠物店，都会在网上销售猫咪。网上购物非常方便，一旦看到自己满意的猫咪马上就可以购买，因此这种购买方式受到很多人的青睐。但是在网上我们无法了解猫咪的饲养环境，这样购买来的猫咪是存在一定风险的。因此，建议购买之前要亲自去看一看猫咪，了解了猫咪的饲养环境之后再购买。

猫咪的获得方法

领养

从饲养者或领养者处

由于想要给捡来的猫咪寻觅领养者，或者自己拥有很多猫咪照料不过来，有些个人或动物保护团体会在网站上发布寻求猫咪领养者的信息。在有些宠物医院的告示栏里也可以看到一些待领养猫咪的信息。通过这种方式，也许你就拯救了一只猫咪宝贵的生命，也许你会让猫咪变得更加幸福。然而，如果是被抛弃的流浪猫则有可能患有某些疾病，也有可能畏惧人类，很难相处，因此我们在领养之前如果发现有这样的风险，需要仔细考虑是否愿意领养。另外，在领养猫咪时，一定要仔细确认猫咪之前是在怎样的环境下饲养的。

从非官方救助组织处

在非官方的动物救助中心或其他地方都会有待领养猫咪的信息，可以打电话或发邮件进行咨询。如果有自己想要的猫咪，可以先通过参加活动与猫咪见面，之后按照领养的流程办理手续。另外，也可以在政府的保健卫生系统上进行登记，发布想要领养猫咪的消息，等待转让者。* 当然，在大多数情况下，领养猫咪的条件是要对猫咪进行室内饲养，并且要为它做绝育手术。由于每个组织的情况不同，所以最好先了解清楚。

捡到猫咪的时候

由于我们捡到的很可能是迷路的猫咪（家猫），因此首先要和动物救助中心联系。在考虑是否领养猫咪时，一定要冷静思考自己及猫咪的状况之后再做决定，主要想清楚以下几点：1. 自己能否饲养；2. 在找到领养者之前自己能否暂时饲养；3. 自己能否承担 1 和 2 产生的费用；4. 如果家里已经有一只猫咪，要考虑是否会给家里的猫咪带来传染病等风险。以上都考虑了之后，感觉饲养有困难，可以联系动物保护团体或宠物医院，请它们帮助寻找领养者。

如果决定自己饲养或暂时饲养，一旦猫咪的状态不好，就要及时送它到宠物医院进行健康检查。

饲养前主人要先做过敏检查

猫咪的毛发、皮屑等会引发人类的过敏症状。一旦过敏，人与猫咪接触时会出现眼睛发痒、眼睛充血、打喷嚏、流鼻涕、身体发痒等症状。养猫前，最好还是先在医院做个过敏检查吧。

如果养猫的愿望非常强烈，即使过敏也要养猫，就要频繁且细心地打扫卫生。特别要注意打扫毛发、皮屑等容易堆积的床上用品、地毯等。

*这种情况是针对日本的领养者，中国没有相应的政府部门负责猫咪领养工作。——编者注

选择健康猫咪的方法

通过观察和触摸来确认猫咪的健康状况

对于初次养猫的人来说，选择一只健康的猫咪是非常有必要的。对于擅长养猫的人来说，也许他会去领养一只生病的猫咪；然而对于初次养猫的人来说，这是很难做到的。在最初阶段，我们需要安心地将一只健康的猫咪从小养到大，从而学会如何养猫。

要想确认猫咪的健康状况，可以通过观察和触摸来进行鉴别。然而，如果你不跟猫咪生活在一起，有些问题一时半会儿可能发现不了，因此一旦有任何疑问，一定要马上和繁育者或宠物店确认。

鉴别猫咪是否健康的要点

眼睛

如果眼睛里有眼屎，眼睛充血或流眼泪，那有可能是生病了。要确认猫咪是否会凝视眼前的物体，它的视线是否会随着运动的物体而移动。

嘴巴、口腔

如果猫咪的口水比较多，那有可能是患上了口炎或受伤了。如果猫咪有口臭，那有可能是患上了牙龈炎。

耳朵

如果耳朵里面黑黑的，看起来很脏，有可能是耳屎过多引起的外耳炎。

鼻子

如果鼻子比较干燥，那没有什么问题。如果有黏稠的鼻涕或总是打喷嚏，那说明有可能有炎症。

四肢

需要确认其四肢的肌肉厚度是否适中，走路的样子是否异常。如果腿脚不利索，或者长疙瘩，那有可能是生病了。

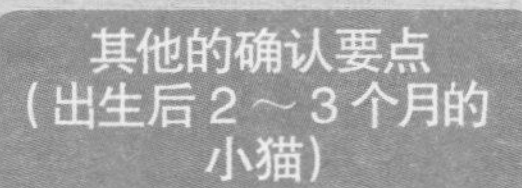

其他的确认要点（出生后2～3个月的小猫）

- □ 可以轻松地跑、跳
- □ 对玩具感兴趣
- □ 不过度害怕人类
- □ 乐意接受抚摸
- □ 叫声听起来很健康
- □ 有食欲

在选择猫咪的时候，最好留出充足的时间，仔细观察猫咪的动作和与人接触时的反应。

体重

健康的猫咪体格匀称，抱起来能感觉到沉甸甸的，并且有弹性（有些猫种是比较纤细苗条的类型，需要具体确认）。

毛发

首先要确认毛发的颜色。如果猫咪的身体某处发痒，那有可能是某些毛发稀少的部位有皮肤炎。另外，还要注意猫咪身上是否有伤痕、结痂或跳蚤等。

臀部

如果肛门是完全收紧的，那么没有问题。如果肛门发红并且下垂，那猫咪就有可能是因为有寄生虫等而患上了慢性腹泻。

肚子

猫咪的肚子通常是圆鼓鼓的，如果肚子鼓出得过多，就有可能有寄生虫，或者感染了其他疾病，当然也有可能是便秘引起的。

指甲和肉球

确认指甲和肉球是否受伤。

选择猫咪的五大要点

各种各样的选择要点

既然我们决定养猫，那么就需要思考养一只什么样的猫咪。在选择猫咪的时候，需要考虑很多要点。比如性别，要母猫还是公猫？是纯种猫好呢，还是混血猫好呢？是要小猫，还是要成猫？短毛种和长毛种猫咪的外表与护理方法也是完全不同的。另外，仅养一只猫咪和同时养多只猫咪的情况也是完全不同的。以上这些都需要提前考虑清楚。

分析好各方面的因素，把握好每种情况的优缺点之后，就可以最终确定想要的猫咪了。如果你感到迷茫，也可以向繁育者或宠物店咨询。

公猫 母猫 哪一种

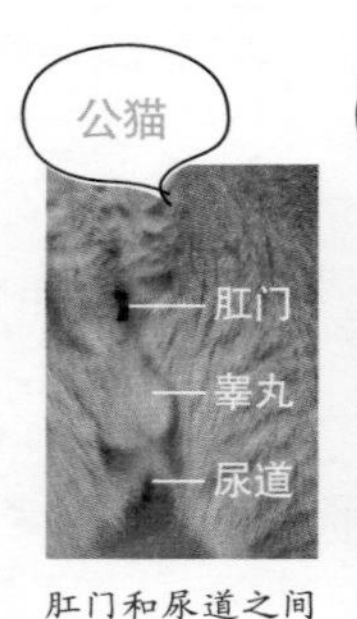

肛门和尿道之间是睾丸

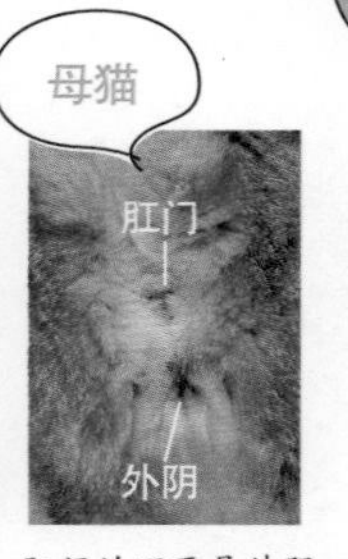

肛门的下面是外阴

一般来说，公猫喜欢撒娇，性格活泼；而母猫较为温顺老实。然而，实际上不管是公猫还是母猫，其性格都存在很大的个体差异。

在小猫时期，公猫和母猫的差异并不明显，成年之后的公猫体格较大。另外，不要忘了在发情期，公猫喜欢做记号、占领地，而母猫喜欢叫。

纯种猫 混血猫 哪一种

纯种猫是通过有计划的交配而产生的猫种，因此会有血统证书，价格较高。不同猫种的外表具有不同的特征，大家可挑选自己喜欢的类型。混血猫是通过自由交配而产生的猫种，在毛发和花纹上会体现出一定的特征。这样的猫咪比较常见，比纯种猫的身体更结实并且容易与人亲近，不过在性格上也存在很大的个体差异。在选择的时候一定要仔细观察猫咪。

小猫 成猫 哪一种

如果选择饲养小猫，那么就能够享受到猫咪最可爱的时期，猫咪也会与我们更加亲近。另外，我们需要教给它很多东西，包括照顾它的饮食，因此很费工夫。而成猫与小猫相比，身心和状态都更加稳定。由于之前有人饲养过，所以不需要再去训练它养成各种习惯，比较轻松。但是有些成猫换了主人之后很难与新主人亲近。不管怎样，大家可以根据自己的生活方式来做出选择。

短毛种 长毛种 哪一种

被毛较短的短毛种猫咪大多较为活泼，只需要偶尔给它清理被毛即可，因此几乎不用花费多少精力。而长毛种猫咪大多比较温顺老实、优雅有魅力。但是为了保持被毛的美丽，需要每天为它清理被毛。大家可以综合考虑对猫咪外观的要求及自己可以花费的时间来做出选择。

养一只 养多只 哪一种

如果同时养多只猫咪，那么你的猫咪就有了兄弟姐妹或好朋友。它们可以一起玩耍，即使主人不在家，它们也不会感到寂寞。但是为了避免它们打架，一定要选择性格相投的猫咪一起饲养。如果仅养一只猫咪，食物的费用和医疗费不会太高，也不需要担心猫咪会打架。不管选择哪种方式，都需要在了解猫咪的性格之后再做决定。

专栏

需要为猫咪花多少钱

一旦决定养猫，就需要准备一些必备物品，如猫粮、猫砂等，这些都需要定期购买。另外，还有一些物品买一次基本可以使用很长时间，如清洁工具、玩具等。

要说花钱最多的方面，那就是医疗费了。如果没有给猫咪买保险，那么医疗费基本都是自己全额负担。因此，在决定养猫之时，很重要的一点就是要做好负担医疗费的心理准备。

猫咪的日常花费
（参考值）

食盆	500～3000日元（15～90元）
猫粮	
湿猫粮	1个月6000日元（200～350元）
干猫粮	1个月2000日元（180～300元）
猫砂盆	大于2000日元（40～200元）
猫砂	1个月大于1000日元（60～200元）
宠物用的厕所垫子	大于600日元（50元）
猫抓板	500～3000日元（80～200元）
指甲刀	1000日元（35元）
梳子	600～3000日元（35元）
猫笼	4000～30 000日元（150元）
托运箱	4000～10 000日元（150～200元）
玩具	大于200日元（10～100元）
猫窝	大于1000日元（80～200元）

猫咪的医疗费
（参考值，不同医院的费用不同）

诊疗费	
初诊费用	1000～2000日元（20～50元）
复诊费用	500～1500日元（20～50元）
一晚住院费	2000～4000日元（80～200元）
疫苗接种	
3种混合疫苗	3500～8000日元（100元）
5种混合疫苗	4500～10 000日元（300～700元）
注射费（不包括药剂费）	1000～3000日元（10～30元）
输液（1天）	3500～4000日元（200～400元）
治疗费	
配药（1种，1天）	
内服药	300～500日元（10～30元）
外用药	500～1500日元（40～200元）
绝育手术	大于15 000日元（800～2500元）

* 括号中为在中国的猫咪日常花费和医疗费参考值。——编者注

第2章

一起生活的准备&最初的生活方式

迎接猫咪之前，需要准备的东西

预先备齐猫咪用的东西

如果家里即将迎来猫咪，那么就要在它到来之前备齐所有的必备物品。

首先要准备的是厕所用品、猫窝、食盆、猫粮、猫抓板等。然后还需要准备一个托运箱，可以在带猫咪去医院的时候使用。而清洁工具和玩具等可以以后慢慢地备齐。除此之外，如果再备一个猫笼和牵引绳，也会更加方便哦。

另外，如果迎来了猫咪，那么最少 3 天（尽可能在一周左右的时间内）不要让它独自留在家里。

提前准备一下这些物品吧

小猫用的猫粮

关于综合营养食，大家可以参考相关章节。在给刚刚断奶的小猫喂食时，也可以将市场上销售的断奶食或干猫粮用温水泡软后喂给它吃。

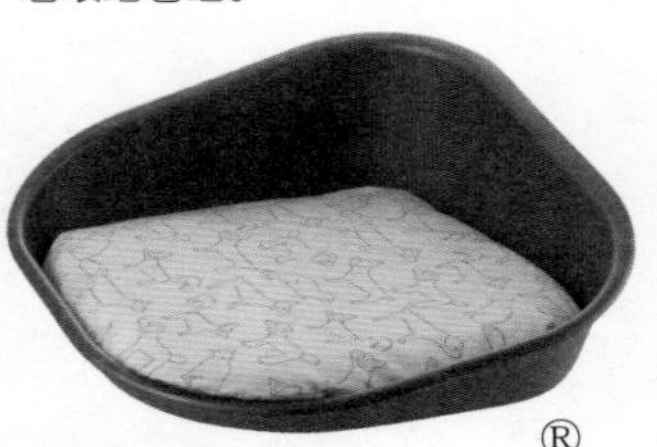

®

猫窝

如果你打算从市场上买一个猫窝，那么就选择轻便、可以清洗的类型。也可以将行李箱上的软垫子改造成猫窝，或者将毛巾、毛毯折叠起来当作猫窝使用。

食盆

需要准备两种，分别用来盛猫粮和水。购买时要选择结实稳固的食盆。

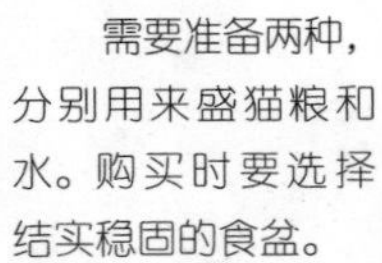

厕所&猫砂

在猫咪的厕所里要铺上猫砂。关于厕所的类型及猫砂的选择，请参考相关章节。另外，不管是迎接别人转让给自己的猫咪，还是迎接自己新买来的猫咪，你都可以要一些猫咪以前使用的猫砂和现在的混在一起，这样会使猫咪更容易习惯现在的生活环境哦。

®

※ 图片中的字母代表的是销售单位，没有标记的东西均为私人用品。

猫抓板

为了不让猫咪在家具和墙壁上留下抓痕，一定要准备一个猫抓板。猫抓板既可以是瓦楞纸等材料的，也可以是毛毯等布料的，或者是木制的，种类非常丰富。可以根据猫咪的喜好，将其放在地板上或挂在墙壁上使用。

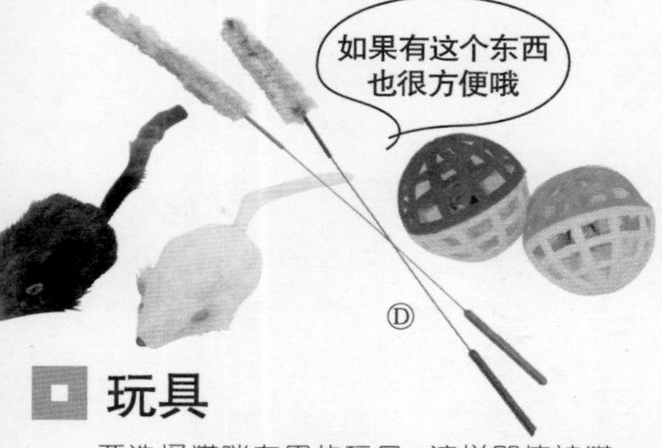

玩具

要选择猫咪专用的玩具，这样即使被猫咪咬在嘴里也很安全。能放到嘴里的玩具可能引发猫咪误饮误食，需要注意。建议刚开始不要买太多玩具，可以观察猫咪的喜好，逐渐增加玩具。

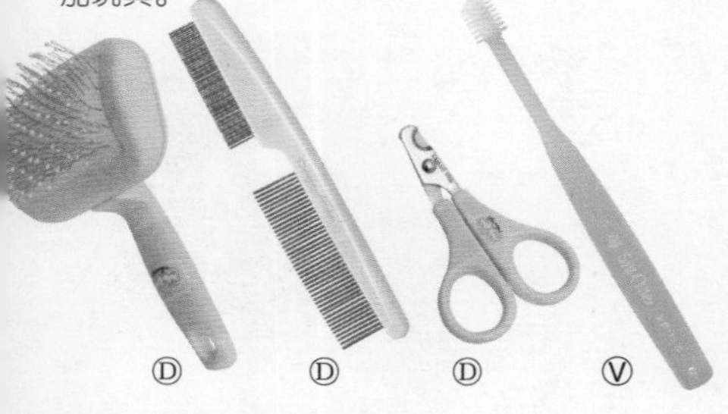

清洁工具

还要准备用来清洁猫咪的针梳、排梳、指甲刀、牙刷等。

托运箱

不仅可以在搬运猫咪的时候使用它，而且如果把它放在房间里，就变成了一个可以让猫咪睡个安稳觉的地方啦。箱子的顶部如果有开口，则便于取出和存放猫咪。选择多大的托运箱比较好呢？只要猫咪能够在里面自由转身就可以了。选择背包式的太空舱，遇到灾害时会更方便。

如果有这个东西
也很方便哦

猫笼

为了确保猫咪有一个安稳的场所，或者为了防止将猫咪独自留在家中的时候发生事故，需要使用猫笼。猫笼的顶部要封闭，以免猫咪从里面跳出来。

为猫咪打造安心舒适的生活环境

打造安心舒适的生活环境

猫咪来到一个新的环境，内心一定是焦虑不安的。首先要为猫咪打造一个安心舒适的生活环境。有些猫咪很害怕寂寞，喜欢有人在身边，而有些猫咪则更喜欢静静地独处。要根据猫咪的不同性格来打造适合它的生活环境。

猫咪的生活环境最好避免选择空调风直吹的地方。猫咪喜欢自由自在地活动，即使不为它圈定空间范围也可以。然而，如果安全防范措施做不到位，有些地方猫咪跑过去会比较危险，那还是把猫咪放在猫笼里比较好。

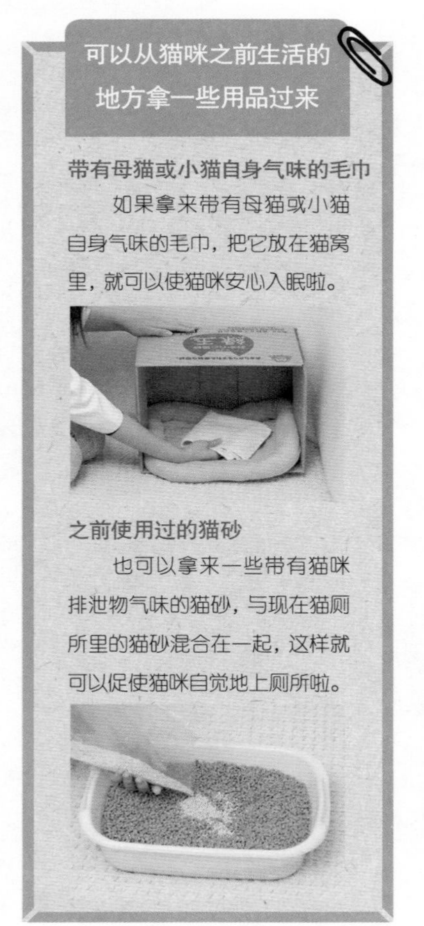

可以从猫咪之前生活的地方拿一些用品过来

带有母猫或小猫自身气味的毛巾

如果拿来带有母猫或小猫自身气味的毛巾，把它放在猫窝里，就可以使猫咪安心入眠啦。

之前使用过的猫砂

也可以拿来一些带有猫咪排泄物气味的猫砂，与现在猫厕所里的猫砂混合在一起，这样就可以促使猫咪自觉地上厕所啦。

让猫咪安心、易适应环境的打造要点

为了让猫咪尽快适应环境，需要为它打造一个安心舒适的生活环境。打造之前，首先要了解猫咪的习性，如“闻到排泄物的味道就会不吃饭”“喜欢人类注意不到的狭小地方”“闻到自己的气味会很安心”等。打造要点——了解猫咪的习性，为猫咪打造无压力的生活空间。

为猫咪打造舒适生活空间的基本法则

猫咪的生活空间可以选择在起居室或附近的房间内，一定要确保是较为安静的地方。刚刚迎来猫咪的那几天，最好选择将它放在自己能看得到的地方会比较放心。在猫咪的生活空间里要备好猫窝、猫砂盆、食盆、猫抓板等必需的用品。

让猫咪在安静的地方上厕所

猫咪无法在吵闹的地方排泄，因此猫砂盆要远离人类日常活动的路线，放在房间的角落等能让猫咪安静下来的地方。如果有两处厕所就更好了。

把猫咪的生活空间安排在房间的角落

也可以把房间里安静的一角作为猫咪的生活空间。猫咪喜欢四周封闭的狭小空间，因此我们可以使用小型的瓦楞纸箱或托运箱作为猫咪的房间。

在能让猫咪安心的地方放窝

可以在箱子等做的猫咪房间中或在人类不大注意的狭小地方，给猫咪铺上软软的窝。把带有熟悉气味的东西放在上面，会让猫咪更加安心。

让食盆远离厕所

猫咪不喜欢在有排泄物气味的地方吃饭，因此它吃饭的地方要远离厕所。

别忘了猫抓板

因环境的改变，刚刚接回来的猫咪容易不安、焦虑。给它放一个猫抓板，让它磨磨爪子安定下来吧。

在夜里或主人不在家的时候，可以把猫咪放进顶部封闭的猫笼里

猫咪喜欢上蹿下跳，或者藏在让人找不到的地方，因此在夜里或主人不在家的时候，可以把猫咪放进猫笼里。出生后 2 个月左右的猫咪就开始攀爬了，因此猫笼的顶部一定要封闭。

在猫笼里攀爬的猫咪（3个月）

为猫咪打造舒适生活空间的8个要点

1 让猫咪在安静的地方吃饭

如果在猫咪吃饭的时候旁边有人，那么它很可能没有办法安心吃饭。吃饭的地方可以设在厨房、起居室的角落等不经常有人经过的安静位置。

2 厕所要远离吃饭的地方

猫咪不喜欢在排泄的地方附近吃饭，这是它的本能反应。出于卫生方面的考虑，最好还是将猫咪的厕所与它吃饭的地方分开吧。

3 夏天不要太热，冬天要确保温暖

猫咪长时间生活的地方一定要避免空调风直吹。猫咪抵抗严寒和酷暑的能力比我们想象得要强，因此只要室温是我们人类感觉舒适的温度就可以了。猫咪喜欢亲自出动去寻找舒适的地方，所以不要关闭房门，要让猫咪可以自由出入。

4 可以享受日光浴的场所

猫咪喜欢在温暖的阳光下悠闲度日，所以最好在窗边或阳光可以照射进来的地方打造猫咪的生活空间。

5 可以上蹿下跳的场所

猫咪喜欢上蹿下跳，是一种乐于享受高度差的动物。可以在房间里摆放高低不平的家具，或者使用猫爬架。但是也有一些猫咪好像对猫爬架并不感兴趣，所以在购买之前一定要仔细观察猫咪是否喜欢高处空间哦。

7 玩耍的地方可以不用很大

前面提到，猫咪是乐于享受高度差的动物，所以供它玩耍的地方不需要很大，只要能让它短距离冲刺就可以了。

6 可以钻进去的狭小空间

猫咪非常喜欢狭小的空间。不论是家具顶部还是沙发下面，只要有缝隙，猫咪就喜欢钻进去。一定注意不要把危险的东西放在这些狭小的地方。

8 有能俯瞰全屋的地方

猫咪经常会睡在冰箱上或像柜子这样有高度的家具上面。猫咪是一种领地意识很强的动物，习惯在高处俯瞰掌握周围状况，一旦确认没有危险就会很安心。特别是公猫，如果高处没有自己的位置，它会产生压力，陷入不安。

保护猫咪不受伤害、不发生事故的安全对策

首先要确保猫咪远离危险

猫咪的身体非常轻盈灵活，喜欢上蹿下跳，常常钻进让人意想不到的地方。天生的好奇心驱使它对各种各样的东西“下手”。猫咪的动作非常迅速，如果开着门和窗，它很可能一溜烟就跑到外面去了，这是很危险的。

为了保证猫咪的安全，要预测猫咪可能发生的行为，提前排除危险。猫咪不会因为我们的训斥而乖乖听话，因此为了防止它受伤或发生事故，必须为它打造一个安全的生活环境。

确保猫咪安全的对策

不要让抽屉一直开着

曾经就有猫咪误食了抽屉里的小东西；还有一些主人由于没有注意到猫咪藏在抽屉里而关上了抽屉，导致猫咪长时间处于封闭的空间。因此，对于猫咪喜欢触碰的地方，以及有可能钻进去的地方，都要把门关好。

电线、插座要警惕

如果猫咪咬住了电线，那很可能会触电，因此最好把电线隐藏在地毯下面或家具背面。为了防止猫咪触碰墙上的插座，最好给插座装上外壳。

危险的东西要收起来

类似橡皮圈、塑料的碎片、丝带、绳子等一旦误食就很危险的东西，一定要检查室内是否遗落。

狭小的地方也要确保安全

我们常常会在家具下面或缝隙里放一些含有硼酸成分的蟑螂药，像这些猫咪吃下去会很危险的东西一定不要放在那里。另外，为了确保猫咪不受伤，要经常打扫这些狭小的地方，清除杂物。

垃圾桶要使用带盖子的

为了防止猫咪因为误食危险的生活垃圾而中毒，要使用带盖子的垃圾桶，这样会让人更放心一些。

防止被热水瓶和电饭煲烫伤

如果桌子上放着热水瓶和电饭煲，那么猫咪在跳上去的时候就有可能触碰或摔倒，从而很有可能被烫伤。因此，请把热水瓶和电饭煲放在猫咪接触不到的地方。

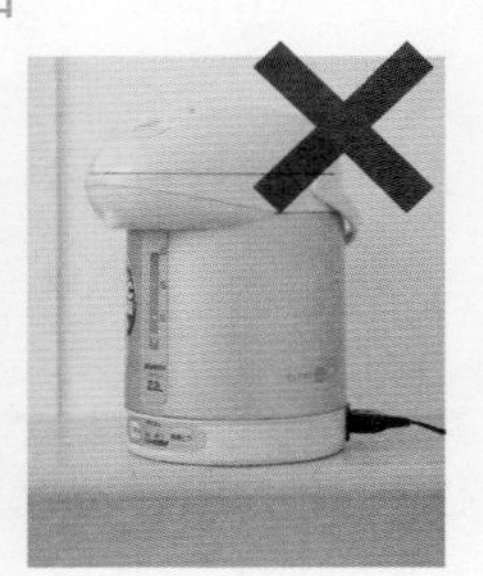

不要一直存着水

如果浴缸或洗衣机里有水，猫咪有可能因为想喝水而跳进去，这时候就会有溺水的危险。因此，需要将水放掉或盖上盖子。最好确保猫咪无法进入浴室或洗衣机中。

不要一直开着大门

通常，在室内饲养的猫咪一旦跑到室外，就很有可能发生交通事故或迷路。因此，在出入家中时一定要养成随手关门、关窗的习惯。

不要放置观叶植物

猫咪很有可能会吃观叶植物，然而很多观叶植物都会让猫咪中毒，因此还是不要把观叶植物放置在家里比较好。

选择不会卡住猫爪的窗帘

小猫及年幼的猫咪喜欢攀爬窗帘玩耍，有时候会由于爪子被卡住而受伤，因此最好选择质地光滑的窗帘。

在房门的下面塞上门挡，防止关门

为了让猫咪能够自由出入，最好让每个房间的房门都保持打开的状态。然而，猫咪跑来跑去很有可能被门夹住，所以要留出猫咪可以通过的空间，用门挡将房门固定住。

注意燃气灶台

猫咪跳到燃气灶台上，有可能因为不小心碰到开关而点火，从而导致被灼伤。另外，热水和饭菜也不要一直放在燃气灶台上面，因为那样很有可能成为引发事故的根源。为安全起见，最好不要让猫咪进入厨房。也可以给燃气灶盖上盖子，并且不要在之上放置任何东西。

关于误食了以后会很危险的东西请参考第 120 页。

让猫咪适应新环境的方法

首先让猫咪在室内自由活动

猫咪被带到一个新家，对于周围的人和环境都不熟悉，一定会感到不安。因此，刚迎来猫咪的那几天不要总是抱着它、抚摸它，而是要让它自由活动，并在一旁观察它的情况。

被带到屋里之后，猫咪一定是有所警惕的，会在屋里进行探索。只要没有危险就不要管它，尽量让它自由活动。也许有些猫咪会因为累了而一动不动地待在屋里，这时你需要静静地守候它，直到猫咪习惯新环境。

不要发出太大的动静，不要过分干涉猫咪

猫咪很讨厌响亮的声音，特别是刚来到新环境的猫咪，警惕心非常强，如果听到响声，它会很害怕，从而产生紧张的情绪。所以，注意不要让东西掉到地上，关门的时候声音不要太大，尽量不要突然发出较大的声响。像看电视、听音乐、做饭、打扫卫生等日常生活中的声音没有关系，但是也要注意不要太吵了。

另外，在猫咪还没有适应新环境之前，如果你总是想和猫咪玩耍，想要过分干涉它的生活，反而会让猫咪增强对你的戒备心。因此，暂且可以让猫咪自由活动。如果猫咪主动靠近你，那么你可以抱抱它。一旦发现猫咪有些不耐烦，就不要紧紧地抱着它了，放手让它自由玩耍。

如果家里有小孩子

小孩子喜欢追着猫咪跑，有时候明明猫咪已经厌倦了，他还是紧紧地抱着猫咪。因此，如果家里有可以钻进去的狭小空间，或者有很高的地方可以供猫咪藏身，猫咪就会比较放心。然而，如果小孩子已经习惯了与猫咪相处，那么他也有可能与猫咪成为很好的玩伴。在迎来猫咪之前，家长可以好好地教小孩子与猫咪相处的要领。

接触刚到家的猫咪Q&A

Q1 不要盯着看，要装作不关心它比较好？

A 要看猫咪的性格，仔细观察情况后再做判断会比较好。

猫咪的性格各有不同。有些猫咪警戒心强，喜欢躲在隐蔽的地方不出来；有些猫咪攻击性强，有时人一靠近就会威吓人。因此，一直盯着它看会让它很紧张，也会让它产生压力。如果人靠近时猫咪的反应很友好，就可以不用那么在意。如果猫咪不累，我们可以陪它玩耍，不用刻意远离它。

Q2 猫咪紧张得不吃饭，主人要去别的房间回避一下吗？

A 到猫咪习惯为止，让它自己安静、慢慢地吃饭吧。

猫咪在不习惯的环境中会感到不安。吃饭时如果有不熟悉的人在，有些猫咪会因为紧张而不吃饭。在它习惯之前，主人最好去别的房间，让它安心吃饭。另外，要注意食物和水放置的位置。

Q3 真的可以让猫咪闻人类手指的味道吗？

A 这是和猫咪关系变好的好办法。

猫咪好奇心旺盛，习性驱使它看到未知的事物会去确认"这是什么"。因为嗅觉灵敏，它会通过闻味道调查确认。另外，它认为把自己的味道涂抹在人类的手指上有利于和人类建立良好的关系，所以当猫咪靠近的时候，可以伸出手指。

Q4 为什么总是不和我对视呢？

A 猫咪本来就是不和对方对视的动物。

猫咪只有在要打架、互相威吓的时候才会和对方对视，它们之间本来就很少对视。因此，不和人对视是它的习性。如果与主人建立了信赖关系，在一起时很放心，那它有时会看着主人慢慢地眨眼。

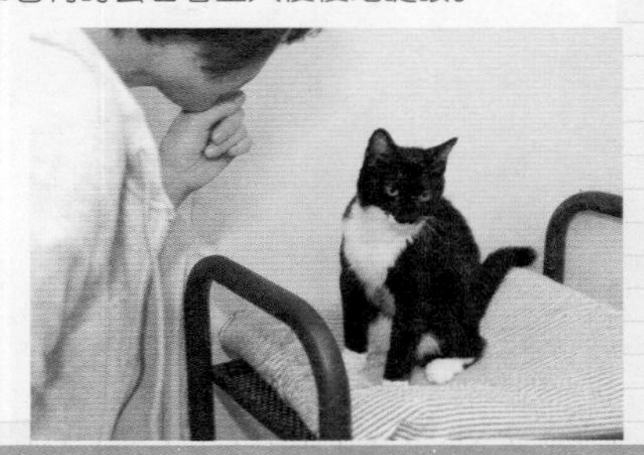

如果家里原先有猫咪

缘分很重要！要预料到它们可能没办法好好相处

养多只猫咪和养一只猫咪有着不同的注意点。特别是如果家里已经有了猫咪，在迎接新的猫咪时必须考虑它们的脾气是否合得来。猫咪是一种具有很强的领地意识的动物，对陌生猫咪进入自己的领地会感到威胁，从而产生很大的压力。如果它们的性格不合，不仅会经常打架，还会因压力诱发种种问题。要根据情况在不同的房间里饲养它们，或者为其寻找新主人。迎接新来的猫咪之前要做好这些思想准备。

猫咪之间的缘分

了解一般所说的投缘、无缘。
也要视猫咪的性格、脾气而定，以下内容只是参考。

缘分	原来的	新来的	原因
◎	猫爸猫妈、兄弟姐妹	小猫	因为很熟悉，所以很投缘
○	小猫	小猫	互相之间的戒备心较小，可以一起玩耍
○	成猫	小猫	成猫有时会担当父母的角色，主人要注意不能偏爱小猫
△	成年母猫	成年母猫	不会像公猫那样有很强的领地意识，不容易发生争执
△	成年母猫	成年公猫	公猫喜欢母猫，如果不想要小猫就要尽早为它们做绝育手术
×	成年公猫	成年公猫	领地意识强，打架的可能性很大
×	老猫	小猫	小猫精力旺盛，想要一起玩耍的状态会让老猫很有压力

如果家里有“原住民”

1 把新来的猫咪放在别的房间里

如果让新来的猫咪和原来的猫咪突然见面，它们很有可能打架，因此在最初的 3 天左右可以让新来的猫咪在别的房间里生活。虽然互相看不见，但也可以让原来的猫咪渐渐习惯新来的猫咪的气味。

2 让它们隔着猫笼见面

当原来的猫咪渐渐习惯了新来的猫咪后，可以把新来的猫咪放在猫笼里，安排它们初次见面。见面之前可以先交换两只猫咪用过的毛巾等物件，使它们更容易接受对方。

3 由主人将两只猫咪带到一起

主人可以抱着新来的猫咪让它和原来的猫咪见面，这时候不要强硬地将它们靠在一起，而是要等原来的猫咪主动靠近。如果发现其中一只猫咪开始发怒了，就要马上把它们分开，等待下次再尝试。如果两只猫咪相互之间没有抵触，就可以渐渐延长它们见面的时间。*

*如果其中一只还没有接种完疫苗，那么在接种后的两周内不要让它们互相接触。

4 在生活上要以原来的猫咪为先

也许我们总是会不由自主地多照顾新来的猫咪，但是一定要提醒自己要优先照顾原来的猫咪哦。无论是饮食还是抱抱，都要以原来的猫咪为先，注意不要让它产生紧张的情绪。

如何度过猫咪到来的第一天

在猫咪适应新环境之前，静静地守候它

终于迎来了猫咪到来的第一天。猫咪来到一个新环境，很有可能总是喵喵叫，也有可能因为情绪紧张而导致身体状况不好。为了尽量避免这样的情况发生，可以暂时给它喂与之前相同的食物，并且不要过分干涉它的生活。注意不要让猫咪过于疲劳。

最初的一个星期是猫咪适应新环境和新生活的关键时期。因此，这时候家里一定要有人静静地守候猫咪。但是，教猫咪上厕所这件事，一定要在第一天就开始进行哟。

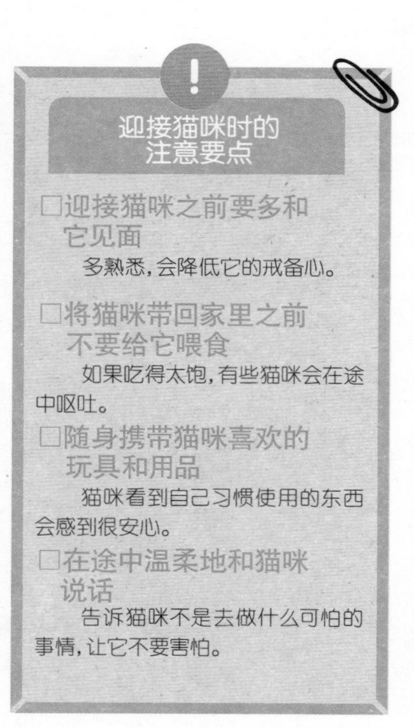

迎接猫咪时的注意要点

□迎接猫咪之前要多和它见面

多熟悉，会降低它的戒备心。

□将猫咪带回家里之前不要给它喂食

如果吃得太饱，有些猫咪会在途中呕吐。

□随身携带猫咪喜欢的玩具和用品

猫咪看到自己习惯使用的东西会感到很安心。

□在途中温柔地和猫咪说话

告诉猫咪不是去做什么可怕的事情，让它不要害怕。

迎接猫咪当天的流程

1 上午把猫咪迎接到家里

这样可以使猫咪在当天就能渐渐适应家里的环境。另外，如果发现猫咪有什么问题，也有时间送猫咪到医院接受检查。

2 把猫咪从托运箱里放出来让它自由活动

把猫咪带到为它准备的房间里，打开托运箱等待猫咪自己走出来。之后，猫咪可能会花 20 ～ 30 分钟的时间探索整个屋子，这时主人可以静静地守候在它的身边。

3 给猫咪喂食

等猫咪的情绪稍微稳定之后，可以用手给它喂一些它之前吃的猫粮。如果猫咪不喜欢吃主人手上的食物，那么也可以把食物放在食盆中，然后观察猫咪的行动。

4 让猫咪排泄

如果看到猫咪有些慌张又有些犹豫的样子，就把它放进猫砂盆里。这时候如果有人在身边，猫咪可能会非常戒备，所以可以远远地看着它。

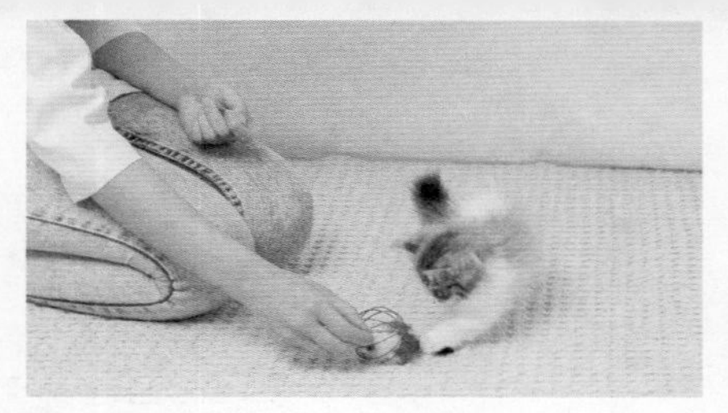

5 让猫咪稍微玩耍一下

等猫咪吃完饭，上过厕所之后，可以让它稍微玩耍一下。如果在猫咪玩耍的时候，主人过于靠近它，有可能使猫咪受到惊吓。因此，主人可以先在远一点的地方展示玩具，如果猫咪很感兴趣，再和它一起玩耍。

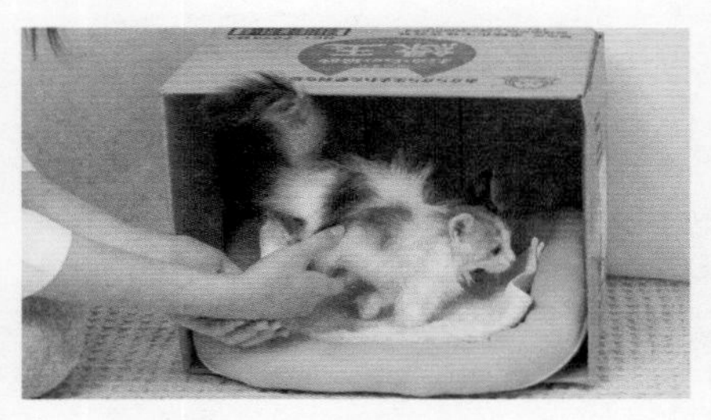

6 让猫咪睡个午觉

如果正在自由玩耍的猫咪，动作开始变得有些迟钝，好像有点困倦的样子，那么就把它带到窝里睡觉吧。一旦猫咪睡着了，就不要去打扰它了。

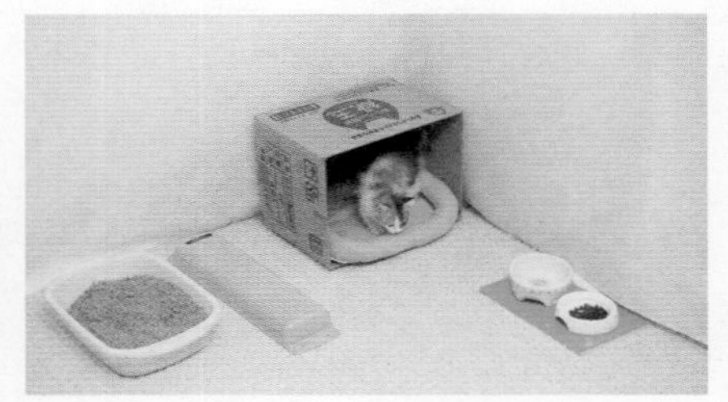

7 晚上也让猫咪睡在自己的空间里

到了晚上，让猫咪在属于自己的空间里睡觉吧。也许在最开始的几天，猫咪会因为感到寂寞而不断地喵喵叫，这时主人可以把它抱起来，让它放心。

让猫咪安心的抱抱&抚摸方式

温柔地和猫咪说话，并与它做身体接触

猫咪刚刚来到一个新家，心中满是不安，这时候可以通过身体接触让猫咪放下戒备心。接触猫咪的时候，要用温柔的语调和它说话，并且轻柔地抚摸它。不同的猫咪喜欢被抚摸的部位也不一样，我们要一边抚摸一边观察它喜欢被抚摸的部位。要学会如何正确地抱抱猫咪，如何正确地抚摸它。如果主人的抱抱和抚摸可以让猫咪感觉很舒服，那么猫咪和主人的信赖关系就会加强，同时猫咪也会越来越喜欢与人类接触。

抱抱课程

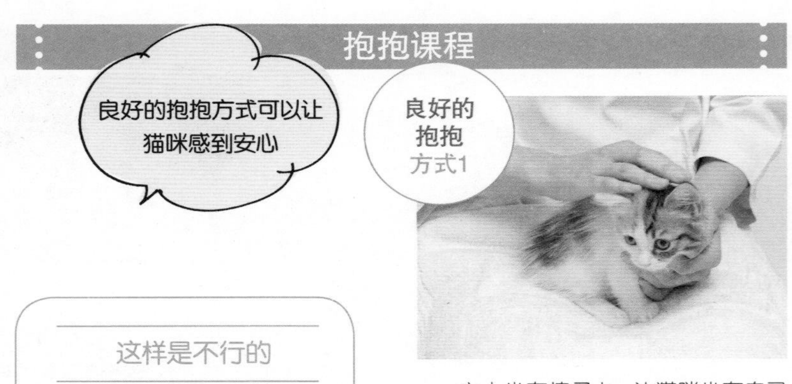

主人坐在椅子上，让猫咪坐在自己的大腿上，一只手托住猫咪的胸部，并支撑住它的整个身体，另一只手放在猫咪的头后方和背部之间。

这样是不行的

抱起它的时候，如果用双手托起猫咪的两条前腿，就会使猫咪的整个身体完全展开，这会让猫咪感到很不安，这时候猫咪有可能生气。特别是还没有适应环境的成猫，如果对它采用这样的抱抱方式，很有可能使猫咪大发雷霆。

抱起它的时候，一只手放在猫咪的腋下，另一只手托住猫咪的屁股，这样就可以使猫咪的身体蜷起来，让它感到放心。

让我们掌握使猫咪舒适的抚摸方式吧

抚摸课程

良好的抚摸
方式1

基本的抚摸方式是用指尖轻柔地抚摸猫咪的下巴和头顶。夸奖猫咪的时候，要一边说“真是个好孩子啊”，一边抚摸它。

良好的抚摸
方式2

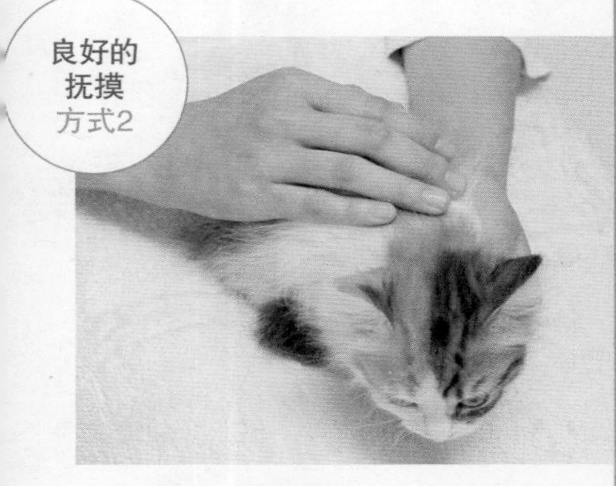

抱起并抚摸猫咪的时候，最好把猫咪放在自己的大腿上，这样就会使猫咪的身体更加稳固，让它感到非常放心。抚摸的时候要顺着猫咪毛发的走向，轻柔地进行抚摸。这样的抚摸方式会让猫咪感觉就像自己的妈妈在抚摸自己一样，会让它非常放松。如果能够使猫咪的身体蜷起来，会让它感到更加放心。

抱起成猫的时候要注意这些

□如果猫咪不习惯，不要勉强抱它

如果猫咪能够很放松地顺从你的抱抱，那么说明你是它可以信赖的人。因此，要静静等待猫咪主动靠近自己，可以先通过抚摸猫咪或利用玩具和猫咪一起玩耍，使它充分习惯之后再把它放在自己的腿上抱抱。当然，也有些猫咪本身就不太喜欢抱抱，在这种情况下就不要勉强它。

□不要触摸猫咪不喜欢被触摸的地方

猫咪不喜欢身体的末端部位被触摸，如嘴边、四肢、尾巴等部位，因此尽量不要触摸这些地方。不可以像母猫一样抓起猫咪的颈背或提起它的脚部。

□如果猫咪激烈地晃动尾巴，就赶快把它放下来

如果在抱着猫咪的时候，发现它激烈地晃动尾巴，或者在痛苦地呻吟，就说明猫咪感到不舒服了，这时候要立刻把它放下来。

通过『触摸训练』让猫咪习惯被触摸

让猫咪在日常生活中及在接受诊疗的时候习惯被触摸

通过“触摸训练”要达到的目的是：不论触摸猫咪身体的哪个部位，它都能欣然接受。这项训练要在猫咪出生后3周～3个月的社会化时期多次进行。一定要让猫咪彻底习惯这项训练，这样一来，不论是日常生活中的照料，还是医院中的诊疗，就都可以顺利进行了。另外，如果在猫咪幼年时期就能够注意进行这项训练，并且让猫咪和主人进行充分的身体接触，这样成长起来的猫咪就会更加信赖主人，也更加习惯与主人之外的人相处。

“触摸训练”的流程

下面我们来举例说明一下“触摸训练”的操作顺序吧！如果猫咪不喜欢这样的顺序，也可以进行调整

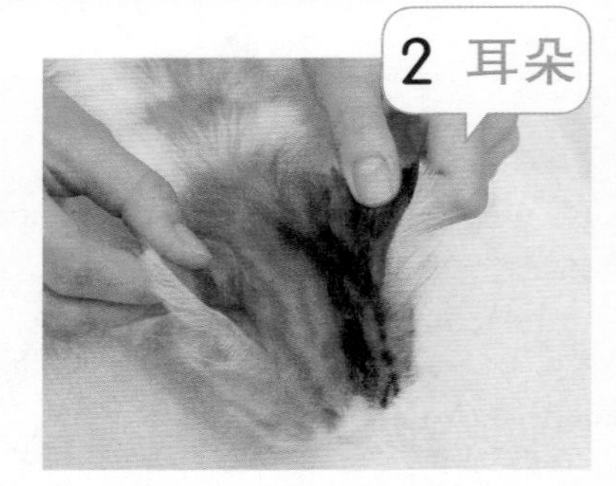

用手指捏住猫咪的两只耳朵，从根部向着末端进行抚摸，也可以尝试将手指伸到猫咪外耳道附近。

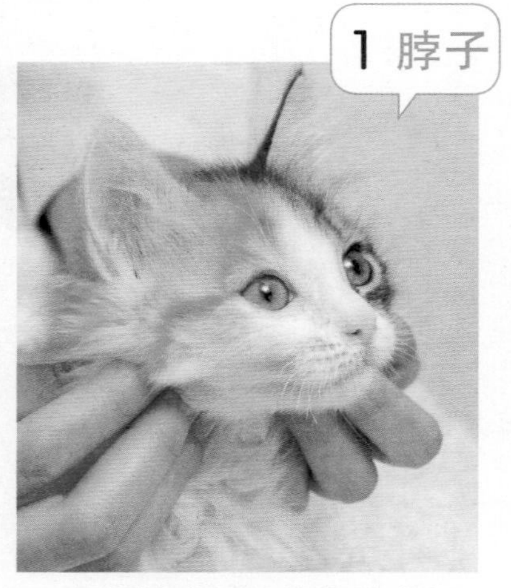

把猫咪放在腿上，稳稳地抱着它，然后抚摸猫咪脖子周围及下巴。

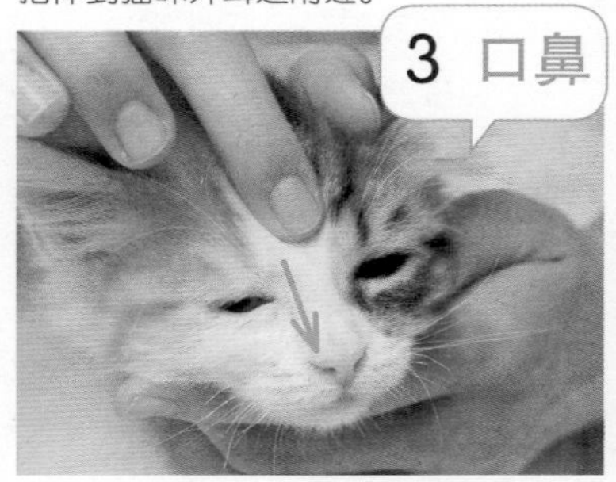

一只手轻轻托住猫咪的下巴，另一只手从额头向着鼻尖进行抚摸。很多猫咪都讨厌被抚摸这个地方，因此最好尽早让猫咪习惯这样的抚摸。

4 鼻尖

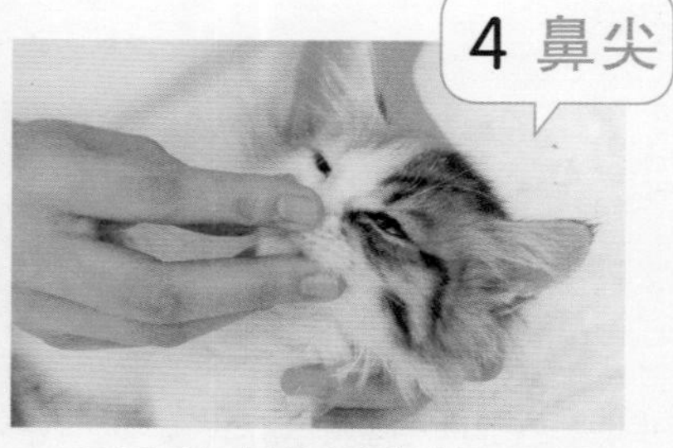

两只手包裹住猫咪的脸部，用指尖轻柔地抚摸猫咪的鼻尖。

5 嘴边

双手夹住猫咪的脸部，轻轻地抚摸猫咪的嘴边，也可以让猫咪轻轻地舔自己的手指。

6 腿部

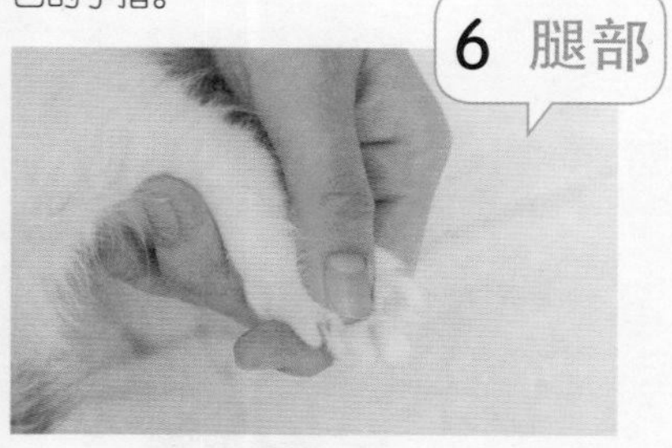

不论是前腿还是后腿，都可以从腿根部向着脚尖轻轻地捏着抚摸。每根脚趾、每个肉球都要抚摸。

7 后背

一只手稳住猫咪，另一只手抚摸猫咪的后背，顺着毛发的走向轻轻地抚摸。

8 胸部和肚子

一只手从后背把猫咪的身体提起来，另一只手抚摸猫咪的胸部和肚子。

9 尾巴

用手握住尾巴，从根部向着末端进行抚摸。很多猫咪不喜欢被这样抚摸，因此还是尽早让猫咪习惯比较好。

让猫咪练习张嘴

触摸到猫咪嘴边的时候，可以用手指轻轻揭开猫咪的上嘴唇，并触摸猫咪的牙齿。在猫咪习惯之后，在给它刷牙、带它去医院检查牙齿，或者喂药的时候就会很方便。

最开始接触猫咪的时候如何给它喂食

不要突然改变猫粮

迎接猫咪的时候，需要向猫咪之前生活的宠物店或繁育者、饲养者了解一下猫咪之前吃的猫粮的种类，以及一天的饮食量和喂食次数。

如果突然改变猫咪的猫粮，有可能使它的身体状况变差。基本上要等到一个星期以后才可以改变猫咪的猫粮。

一个星期以后，可以给猫咪吃优良的综合营养食。另外，小猫正是长身体的时候，可以结合小猫的体重来增加饮食量。

改变猫粮的基本方法

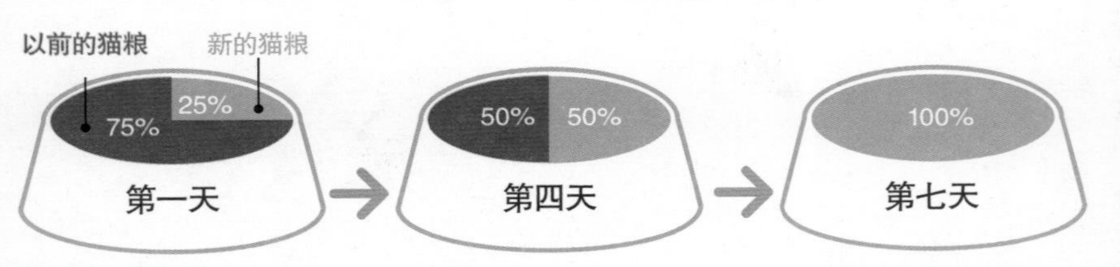

给猫咪喂食的要点

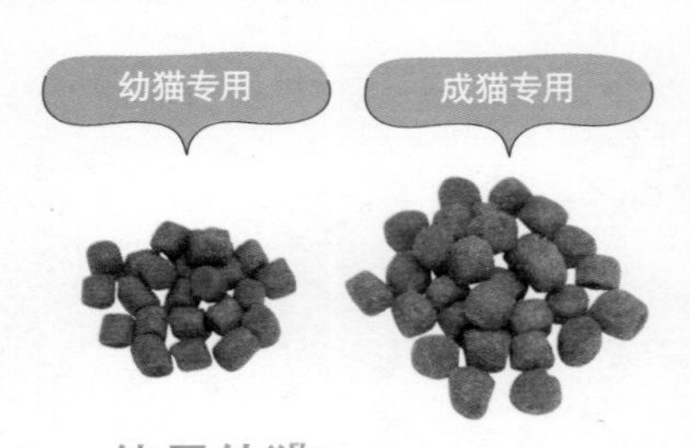

1 让猫咪在安静的场所吃饭

在没有人打扰的安静场所，使用专门的食盆给猫咪喂食，最好每天都在同一时间喂食。

2 使用幼猫专用的猫粮

以幼猫专用的综合营养食为主食。成猫专用的猫粮与幼猫专用的猫粮的颗粒大小和营养价值都不同，要选择适合猫咪的猫粮。如果猫咪吃不下，也可以用水软化之后给它吃（参考下一页框内内容）。注意不要给猫咪吃人类的食物。

3 把猫粮分成少量喂给猫咪

由于小猫的消化器官还未发育成熟，如果一次喂给它太多食物，可能引起腹泻和身体不适。所以，刚开始要把一天的猫粮分成 4 ～ 5 份，少量地喂给猫咪。

4 看准时间拿走食盆

过了一会儿，即使食盆里还有一些猫粮，也要把食盆拿走。如果将猫粮长时间放在食盆里会氧化，猫咪就不喜欢吃了。

5 另一个食盆要装满水

为了让猫咪随时都能充分地饮水，需要在装猫粮的食盆旁边再放一个装水的食盆。为了不让水洒出来，也可以用供水器来代替食盆。

小猫时期的饮食变化

刚出生～4周

● 母乳、猫咪专用奶

直到出生后 4 周左右，小猫都是喝母猫的母乳。如果是流浪猫，在没有母猫的情况下，可以用哺乳瓶喂小猫喝奶。

4～8周

● 断奶食

可以将市场上销售的断奶食和干猫粮用温水或猫咪专用奶软化之后再喂给它吃。刚开始的时候水可以多一些，然后逐渐减少水量。

用于盛放断奶食的器具

如果是水分较多的糊状断奶食，也可以使用猫咪专用的注射器和滴管来喂给它吃。

8周～1岁

● 幼猫专用的猫粮

过了断奶期，直到 1 岁左右，需要喂给猫咪含有成长所必需的蛋白质、维生素、矿物质等的幼猫专用的猫粮。

迎来猫咪后马上进行上厕所训练

在猫咪感到安心的地方打造一个舒适的厕所

猫咪是一种戒备心很强的动物，如果没有一个能让自己放心、满意的厕所，它就不会进行排泄。因此，在准备养猫之前，首先要挑选好猫砂和猫砂盆，给猫咪打造一个能让它放心使用的厕所。

一旦确定了厕所的位置，之后最好就不要再改变了。猫咪是一种讨厌变化的动物，所以即使要移动厕所，也要在猫咪没有注意的时候一点一点地移动。另外，猫咪很爱干净，所以厕所要保持清洁哦。只要有一个舒适的厕所，猫咪就不会情绪低落。

厕所用具的选择

猫砂

猫砂有很多种类，价格也不一样。猫咪也有自己喜欢的猫砂。我们可以先尝试着使用一种，如果猫咪不满意再进行更换。

● **纸砂**

由于尿液可以使它结团，所以清除起来也很方便。具有除臭效果，但是容易飞散。

● **木砂**

除臭能力和吸收尿液的能力都很强，但是由于质地很轻，容易飞散，并且吸收尿液后容易形成粉末。

● **豆腐砂**

吸收尿液的能力超强，容易结团，并且有一定的重量，不容易飞散。但是它有一种特殊的气味，有些猫咪不喜欢。

● **膨润土砂**

含天然矿物的颗粒状猫砂，除臭能力和吸收尿液的能力都很强。但是很重，搬运不方便，同时价格较高。

猫砂盆

猫砂盆一般有3种，开放型、封闭型、装有尿垫和猫砂的双层型（可以一周打扫一次，很受欢迎）。

● **开放型**

这一类型的容器大多是小型、轻便的，也可以用较深的水盆来代替。

● **封闭型**

由于它周围是封闭的，猫砂不会飞散，猫咪也可以在里面安心排泄。

Corole猫厕所（附有F60项盖）Ⓡ

● **双层型**

吸收尿液的能力很强。如果是一只猫咪，一周都不需要更换猫砂，非常轻松。

Nyatomo猫厕所（开放型）Ⓚ

训练猫咪上厕所的基本方法

1 不要忽略了猫咪想上厕所的信号

如果猫咪不停在徘徊，或者在室内地板上不断地闻气味，这时候猫咪很有可能是想上厕所了。

2 把猫咪带到猫砂盆里

把猫咪带到猫砂盆里，然后把它放在猫砂上，从远处观察猫咪的样子。

不要在旁边看着猫咪

如果主人或家人总在旁边看着它，会让猫咪感到很不安，就可能很难上厕所。所以，在刚开始的时候要远离猫咪，远远地观察它的情况。

3 如果猫咪做得很棒就表扬它

如果猫咪很好地在厕所完成了排泄，那么我们可以一边抚摸一边表扬它："做得真棒！"

如果失败了

如果猫咪不小心在厕所以外的地方排泄了，一定要马上打扫干净，因为猫咪会把有气味的地方当成厕所。另外，不能仅因一次失败就狠狠地敲打猫咪，因为那样会使猫咪感到害怕而越来越不会好好上厕所了。

4 排泄后立刻清理厕所

猫咪排泄后要尽快打扫厕所，一方面是因为猫咪很爱干净，另一方面是不会留下气味。可以使用专用的小铲子，把猫咪排泄结团处的猫砂铲除，再添加一些新的猫砂混合在一起。

如何防止气味产生

只要使用猫砂或在周围喷除臭喷雾，就可以轻松地消除气味了。也可以将竹炭或木炭等具有吸附气味作用的物品放在厕所附近。另外，为了保持房间的空气清新，要注意经常换气哦。

饲养多只猫咪的时候怎么办

由于猫咪的领地意识比较强，所以它不喜欢用别的猫咪用过的厕所。因此，如果饲养了多只猫咪，就要为每只猫咪分别准备好厕所。

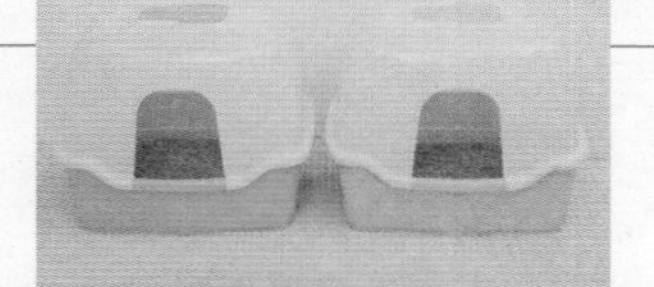

厕所放在哪里

为了让猫咪能放松地排泄，可以把厕所放在房间的角落或洗手间里，因为这些地方比较安静。最好不要把厕所放在起居室或玄关等地方，因为这些地方进进出出的人比较多。

让猫咪尽情地使用猫抓板

磨爪是猫咪的本能，要给猫咪打造一个自由磨爪的环境

猫咪经常磨爪，这是它的本能。猫咪本来就是一种狩猎动物，需要利用自己的爪去捕猎。因此，为了让猫咪能长出新的指甲，要对猫咪的指甲进行定期护理。另外，在猫咪前脚掌内侧有一个特殊的、能够散发气味的腺体，叫作臭腺。猫咪通过这个部位散发气味，然后标记领地。

磨爪对猫咪来说也是一种缓解压力的方式，因此要为猫咪打造一个自由磨爪的环境。

寻找猫咪喜欢的猫抓板

不同的猫咪对猫抓板的材质和摆放方法有不同的喜好。如果猫咪不喜欢使用某种猫抓板，那么可以将猫抓板竖立在墙壁上，或者使用别的材质的猫抓板。如果猫抓板的使用时间较长，可能变得光滑，猫咪也会不喜欢再用它，这时候就需要更换一个新的猫抓板了。

● **房子式**

这是猫咪喜欢的又暗又狭小的房子式（箱子型）。猫咪一进去就能放松下来，尽情地磨爪。

Ⓘ

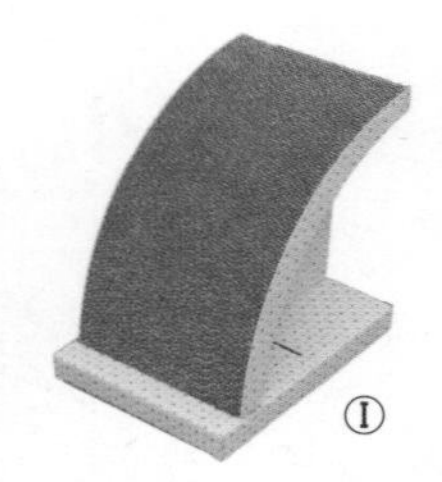

Ⓘ

● **立式**

分为拱型和垂直型。猫咪能站起来，伸展着身体磨爪，因此很多猫咪都喜欢这种。

● **标准式**

放在地板上使用。有瓦楞纸材质的，有毛毯材质的，根据猫咪的喜好选择就好了。

Ⓡ

想要站着磨爪的猫咪

很多猫咪都喜欢站着磨爪，这时可以将猫抓板竖起来，让其符合猫咪磨爪的高度。

有的猫爬架上有一根柱子，也可以供猫咪磨爪。

对猫咪来说磨爪的意义是什么呢

① 打磨指甲

作为狩猎动物的猫咪，喜欢打磨自己的指甲，这是它的本能，至今仍保持着这样的习惯。

② 缓解压力

当猫咪感到不安，或者对一些事感到不满意的时候，我们就会经常看见它在磨爪。

③ 做记号、占领地

猫咪脚部内侧的臭腺可以散发气味，从而做上记号，划定自己的领地。

训练猫咪磨爪的基本方法

为了让猫咪学会磨爪，在迎来猫咪的第一天就需要为它进行这方面的训练。如果家里有一个猫抓板，有的猫咪自然就会磨爪，也有的猫咪似乎对磨爪并不感兴趣。如果猫咪不感兴趣，可以试着把它带到猫抓板前面，帮助它打磨自己的前脚爪。如果猫咪做得好，就试着表扬它。

1 把猫咪的前脚放在猫抓板上

把猫咪的前脚放在猫抓板上，使其充分接触。如果自己肉球的气味沾在了猫抓板上，它就会自然而然地养成磨爪的习惯。一旦发现猫咪在家具上磨爪，就要立刻把猫抓板拿给它。

2 也可以把猫抓板竖起来试一试

如果把猫抓板平放在地上，猫咪似乎不太感兴趣，那也可以把猫抓板竖起来尝试一下。如果这样也不行，就尝试更换其他材质的猫抓板吧。

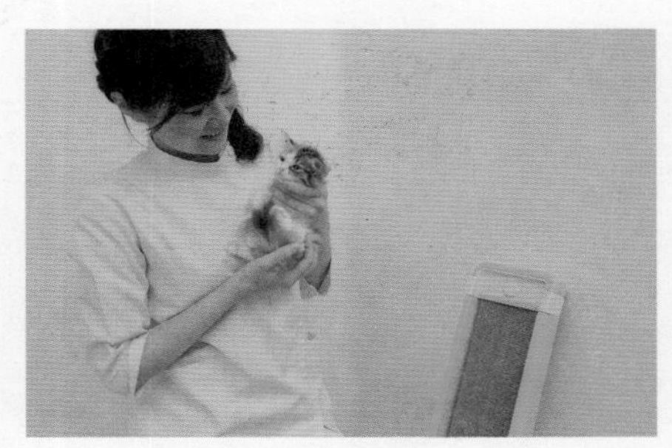

3 如果猫咪能很好地磨爪，就要表扬它

如果猫咪能很好地磨爪，就要表扬它。在这样不断重复的过程中，它很快就会养成磨爪的习惯啦。

也可以使用木天蓼

可以在猫抓板上撒上木天蓼，以此来引诱猫咪磨爪。有的猫抓板会附带木天蓼，在宠物店可以买到。

关于猫咪在墙壁、家具、地毯等上面磨爪时的处理方法，请参考第 176 页。

养成快乐玩耍后美美睡一觉的习惯

主人也要时常和猫咪玩耍

猫咪本身就喜欢和兄弟姐妹及朋友一起玩耍，以此来学习爪子和牙齿的使用方法，并感受被咬之后的疼痛。另外，玩耍对猫咪来说不仅是一种娱乐活动，还是一种较好的刺激方式，让它的生活更加充实。

特别是在室内单独饲养的猫咪，很有可能由于运动量不足而产生一些问题，因此要让它充分地玩耍。主人可以通过和猫咪玩耍，来弥补猫咪没有兄弟姐妹及朋友的缺憾。但需要注意的是，猫咪容易疲劳，并且注意力不能持续集中，因此可以分多次短暂地和它玩耍，一天可以和它玩耍好多次哦。

和猫咪玩耍的方法

1 利用玩具和猫咪玩耍

猫咪用的玩具种类有很多，可以多多尝试，找到猫咪喜欢的类型。不仅是玩具，还可以利用普通的纸袋、报纸等身边的东西和猫咪玩耍哟。

2 主人亲自和猫咪玩耍

主人可以专门抽出一些时间和猫咪玩耍。但是有些猫咪在刚到家不久时，如果有人靠近，它会感到很不安。因此，可以先在稍微远一点的地方向猫咪展示玩具。如果猫咪主动靠近，再和它玩耍。

3 让猫咪在室内探险

为了让猫咪尽早适应新环境，可以让猫咪自由地在室内探险，接触各种各样的东西，这样对于培养猫咪的社会化能力也很有帮助。

为猫咪打造一个舒适的休息场所，让它一觉睡个饱

猫咪一天中的大部分时间都是在睡觉中度过的。成猫一天要睡 14 ～ 15 小时，小猫一天要睡 20 小时以上，因此要为猫咪打造一个舒适的休息场所。

另外，猫咪本来就是夜行动物。为了让猫咪能够适应人类晚上睡觉、白天起床的生活节奏，给猫咪喂食的时间也要有规律。

猫咪睡觉的时候不要吵醒它

如果猫咪在猫窝以外的地方睡觉，也不要吵醒它，就让它在那里睡。没有必要特意把猫咪放到窝里睡。但是要注意，千万不要一不小心踩到正在睡觉的猫咪哦。

晚上猫咪叫的时候要安抚它

出生后 6 个月以内的猫咪，如果家里的人都睡着了，它会感到很寂寞，从而会通过不断喵喵叫来寻找家人。这时候要把它抱起来抚摸，让它感到安心。如果是冬天，也可以使用猫咪专用的暖炉，或者给它盖一条毯子，让它感到暖和，这样也可以让猫咪感到安心。

Q1 猫咪睡觉的时候，主人要保持安静吗？

A 只要猫咪睡着了，即使周围的环境很嘈杂，它也可以继续睡觉。只要不发出类似大声关门这样突发的声音就可以，看电视等日常生活中的声音可以不用介意。

Q2 什么时候可以和猫咪一起睡觉呢？

A 这和主人的睡觉姿势有关，基本上要等猫咪可以自由活动之后才能一起睡觉。出生后 4 个月左右，猫咪的身体开始变得结实，就可以自由活动了。但是有些猫咪不喜欢和人类一起睡觉，这时候不要勉强它。

Q3 在高处睡觉也不会掉落吗？

A 即使在架子、围墙等又高又窄的地方，猫咪也能很好地保持平衡，进入梦乡。虽然有时会因为一些声音而掉落，但凭借自身卓越的平衡感，猫咪能瞬间扭转身体，让脚先着地。

让猫咪独自在家时

条件成熟以后，如果只是一晚上，可以让猫咪独自在家

如果是一只小猫，那么家里一定要有人，尽量避免让小猫独自在家。如果是已经习惯了家庭生活的成猫，那么让它独自在家一晚也是可以的。因为猫咪一天中的大部分时间都在睡觉，所以即使主人不在家，猫咪也可以睡觉。

为了让猫咪在独自在家时不会饿肚子，也为了使猫咪的厕所不至于太脏，要提前准备，为猫咪打造一个舒适安全的环境。但如果是正在断奶的小猫或正在生病的猫咪以及老猫，就不能让它独自在家，而要拜托别人来照顾它。

让猫咪独自在家时的注意要点

如果有一天不在家，就要做好充足的准备：

为猫咪多准备一些猫粮和水，还要多准备一个厕所，室温也要调节到适合猫咪的温度，室内要打扫干净。猫咪闯进去后会发生危险的地方要锁上门，猫咪生活的房间则要敞开门。

准备的时候请注意这些

水

可以多准备几个装满水的食盆，放在多个地方，也可以使用能够产生循环水的装置，或者舔一舔就能出水的装置。

猫粮

可以多准备一些干猫粮，这样即使长时间放置在那里也不会腐烂。如果能使用自动喂食器也很方便哦。

室温

室温要调节到人类感到舒适的温度，也可以根据需要在夏天使用空调，在冬天使用猫咪专用的暖炉或宠物专用的电热毯。

厕所

如果厕所脏了，猫咪可能会忍着不排泄，这样它就有可能拉在厕所以外的地方，因此要多准备一个厕所。如果家里有可以自动进行清扫的猫砂盆，那就更放心了。

让猫咪独自在家时使用起来非常方便的用具

自动饮水机

图中是5升大容量的自动饮水机，使用活性炭过滤器，可以让猫咪随时饮用新鲜水，还可以预防结石等疾病，使猫咪保持健康。

自动喂食器

此款需要装电池，能按照设定的时间自动开仓投食，每餐投放200克的干猫粮。主人不在家时，可设定两餐的自动喂食（也有能投放五餐的）。

自动猫砂盆

猫咪排泄完之后，猫砂盆就会自动清理干净。只养一只猫咪，隔几周换一次猫砂托盘就可以了。

如果不在家的时间超过两天，就要拜托其他人来照顾猫咪

如果不在家的时间超过两天，就要拜托其他人来照顾猫咪，也可以请朋友或宠物店的人来帮忙。当然，还可以把猫咪寄养在宠物旅馆，或者放在提供寄养服务的宠物医院。如果需要请其他人来照顾猫咪，一定要事先商量好。

短暂的分别有可能使猫咪变得生疏

短暂分别后回到家中，你有可能发现猫咪变得非常戒备。有时候把猫咪放在宠物旅馆，可能使它累积一定的紧张情绪。在看到你之后，它也许会感到害怕。

当你回到家中时，一定要温柔地抱起猫咪，好好和它说话，告诉它“没事的，放心吧”。紧张和压力有可能使猫咪出现腹泻等身体不适的情况，在这种情况下，就要尽早带猫咪去医院。

宠物保姆

优点	不需要改变猫咪日常的生活环境。
缺点	有的人不喜欢别人来自己家里，在这种情况下，这个方法就不太适合了。另外，要事先准备好猫粮、猫砂，以及一些猫咪必备的用品。这需要花费一些时间。
注意点	●首先要让宠物保姆亲自看一看猫咪在日常生活中的样子，记住猫咪的饮食习惯及上厕所的方式等。 ●一定要事先确认好一天来几次，什么时候来照顾猫咪。

宠物旅馆

优点	只要带着猫咪过去，并说明情况就可以了，不需要事先进行准备。
缺点	由于在不习惯的环境中生活，猫咪有可能出现身体不适、情绪紧张等情况。
注意点	●需要事先去查看，了解猫咪的生活环境，同时确认一下服务的内容和所需的费用。 ●如果接种疫苗及跳蚤的防治处理都提前做好了，那一般可以寄养在宠物旅馆或宠物医院。

养育刚出生不久的小猫

养育自家猫咪生下来的小猫

主人要充当母猫的辅助角色

如果是自己饲养的猫咪产下了小猫，那会是一件非常开心的事情。但是我们在照料由于分娩而消耗大量体力的母猫及刚出生的小猫时，有很多需要注意的地方。

虽说如此，实际上承担照料小猫责任的还是母猫。而为了让母猫能够轻松地照料小猫，也为了让小猫能够健康成长，主人的主要工作是打造一个舒适的环境，然后守候它们。

照料产后的母猫和刚出生的小猫

照料母猫

对于因刚生下小猫而消耗大量体力的母猫，要给它喂温热的猫咪专用奶来补充营养。对于处于哺乳期的母猫，要给它比平时更多的食物。

接触方式

产后的母猫情绪有些兴奋，如果我们这时候触摸小猫，母猫有可能攻击我们，也有可能把小猫藏起来。因此，在母猫情绪稳定之前，不要过多地干涉它，而是应该静静地守候它。

居住的地方

可以把母猫和刚出生的小猫放在猫笼或瓦楞纸箱里，将它们安置在一个比较安静的场所。为了方便清理小猫的排泄物，可以在箱子里铺上尿垫，如果尿垫脏了就立刻更换。

小猫的成长历程

体重100～120克

这时候小猫的眼睛还没有睁开，耳朵也几乎听不见声音，通过较强的嗅觉和前腿的力量去寻找母猫的乳房，吮吸乳头。

体重200～250克

这时候小猫用前脚踩着母猫的乳房喝母乳，几乎重复喝奶、排泄、睡觉这几件事。

体重250～300克

这时候小猫的眼睛开始睁开，走路也变得有力气了，牙齿开始生长，耳朵也开始能听见声音了。

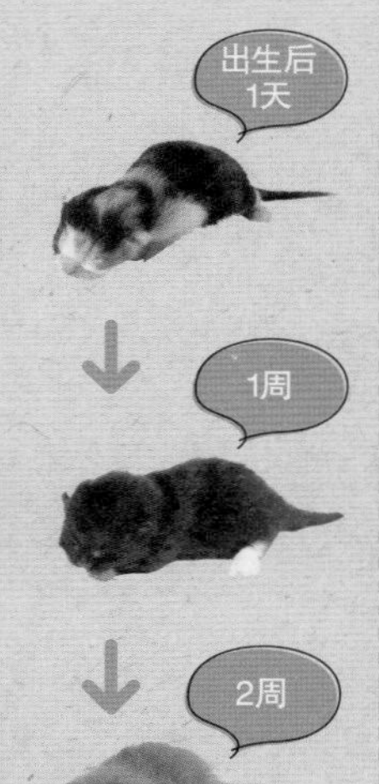

体重约500克

这时候小猫的指甲可以自由伸缩了，开始食用糊状的断奶食。

体重500～700克

这时候小猫的乳牙已经几乎全都长出来了，小猫之间开始嬉戏打闹，基本上可以用断奶食和幼猫专用的猫粮了。

体重700～1000克

这时候小猫的好奇心较强，喜欢撒娇，很淘气。这时候需要给小猫接种混合疫苗。

体重1000～1500克

这时候小猫开始长恒齿，不同的小猫开始产生个性的差异。过了6个月，小猫就可以脱离母猫完全独立了。

需要主人帮忙的时候

如果母猫没有咬断脐带

以防万一，在母猫生产的时候需要准备好消过毒的剪刀、棉线、纱布、温水等。如果母猫没有咬断小猫的脐带，就要用棉线将距离小猫肚脐约1厘米的地方扎起来，从胎盘一侧剪断，然后将纱布用温水浸湿，擦拭小猫的身体。在整个生产的过程中都要用毛巾裹住小猫，以防小猫体温下降。

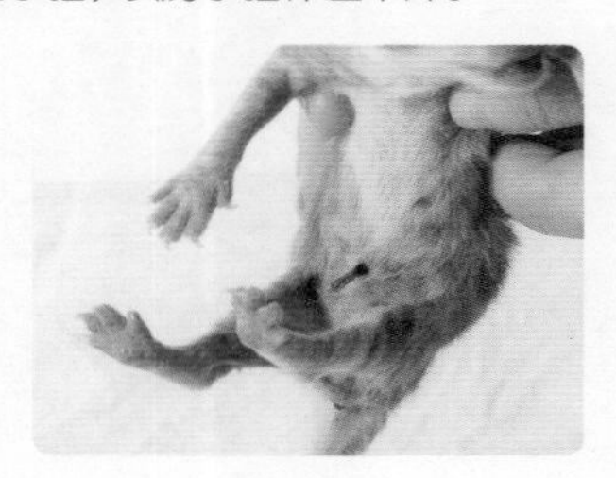

如果存在身体较小、比较衰弱的小猫

即使是同一只母猫生下来的多只小猫，过了一段时间，在成长方面也会表现出一定的差异，在身体的大小方面也能看出明显的区别。同时出生的小猫，在1个月后，有的小猫身体会比别的小猫身体大1.5倍。过一段时间，也许你还会发现有身体较小、比较衰弱的小猫，这时候就需要给它喂奶，帮助它做一些事情。

出生后1个月左右的兄弟，其中一只已经可以站起来自己走动了，另外一只还站不起来

养育没有猫妈妈的小猫

代替母猫享受育儿的乐趣

如果母猫不会照料小猫，或者你从外面刚捡回来一只小猫，这时候就要代替母猫照料它。如果要代替母猫照料小猫，首先要确保有一个照料小猫的空间。我们需要打造一个像让小猫偎依在母猫肚子旁一样的环境。在刚开始的时候，要每隔两小时给它喂奶，帮助它排泄，像母猫一样照料它。照料小猫很费时间，也很消耗精力，但正是因为我们付出了很多，所以才感到开心。一定要好好享受照料小猫的乐趣哦。

养育小猫时的注意要点

小猫还不能自行调节体温，所以要为它打造适宜的温度

从出生到 3 周的小猫，还无法自行调节体温。可以在瓦楞纸箱里垫个毛毯或毛巾，将纸箱放在室内，然后裹上热水袋，或者将猫咪专用的暖炉放进纸箱里，以此来调节温度。热水袋中的热水温度要与母猫的体温基本相同，38℃左右为好。在往返宠物医院的路中，也要注意温度是否过高或过低。

捡来的猫咪首先要带它到宠物医院去检查

如果是流浪猫生下来的小猫，需要用毛巾将它裹起来并放进瓦楞纸箱里，立刻带它到宠物医院，请医师检查小猫是否健康，是否有跳蚤等寄生虫，还要检验一下小猫的粪便。另外，关于如何给小猫喂奶，并且辅助它排泄，以及养育小猫时的注意要点等，也可以提前咨询医师。

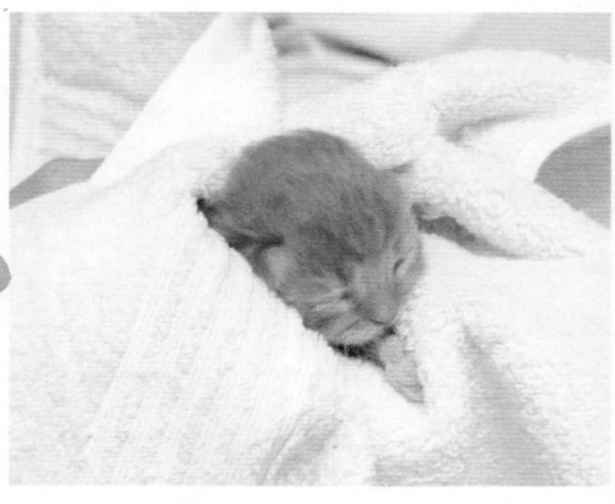

使用猫咪专用奶

要准备好猫咪专用奶、奶瓶（尖端有较细的奶嘴）。给小猫喂奶的时候要注意将奶加热到38℃左右，如果给小猫喝人类喝的牛奶可能引起腹泻。

刺激小猫的肛门附近，帮助小猫排泄

母猫通常会通过舔小猫的肛门附近来刺激小猫排泄，而我们则可以使用温水浸湿的纱布或棉球，来刺激小猫的肛门附近。在小猫排便或排尿之后要帮它清理干净。到2个月左右，就可以教小猫上厕所了。

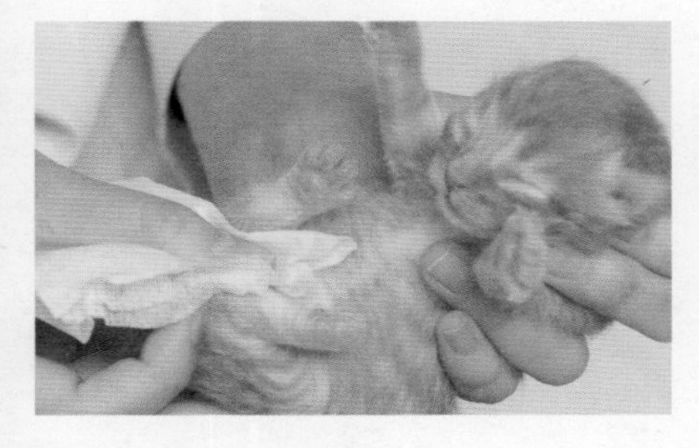

给小猫称体重可以确认它是否成长

如果小猫每天都喝奶，成长很顺利，那么它的体重就会增加，我们需要每天给它测量体重。可以使用厨房秤，这样有1克左右的变化都能测量出来。我们可以通过这种方式随时测出小猫一点点的体重变化。

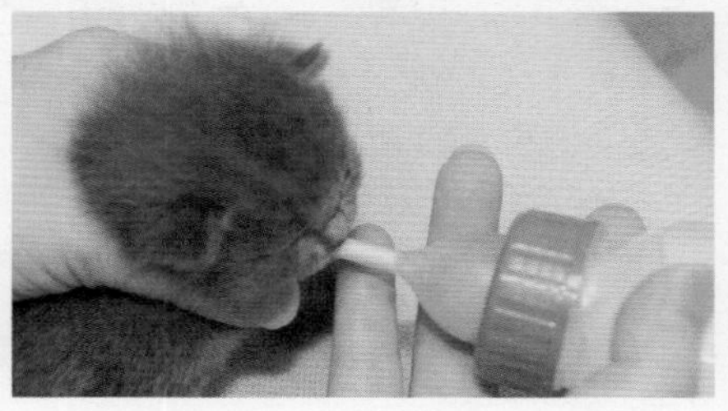

刚出生后要每隔两小时给小猫喂奶一次

喂奶的时候要以小猫吮吸母猫乳头的角度（俯身状态），将奶瓶的奶嘴塞到小猫的口中。对于刚出生的小猫，要每隔两小时喂3～5毫升的奶。等到体重长到250克左右就可以一天喂5～6次奶，每次6～8毫升。

从出生后第4周开始，给小猫喂断奶食

从出生后第4周开始，除了奶，还要喂小猫一些较软的猫粮，开始准备为它断奶。刚开始，可以将奶和断奶食混合在一起喂给小猫。从第8周左右开始，就可以只喂小猫断奶食，同时给它提供充足的水分。

专　栏

关于猫咪的室外饲养

过去有的家庭会把猫咪带到室外，在室外饲养。但是现在室外饲养的猫咪会遇到许多危险，为了减少交通事故、降低其患病的可能性，建议最好在室内饲养。猫咪只要习惯了自己的生活领域，就会感到满足。如果将流浪猫带到室内饲养，它有可能因为想看看外面的世界而想出门，这时候只要不让猫咪在室内产生紧张的情绪就可以了。可以在家里摆放猫爬架，让猫咪上蹿下跳，运动起来。另外，还要确保有可以让猫咪跑动的空间，并且给它准备可以追逐、玩耍的玩具。除此之外，主人还要抽出时间和猫咪玩耍哦。

室外饲养和室内饲养的寿命差距

据说以前猫咪的寿命在 10 岁左右，随着医疗技术、药物和食物质量的提高，现在猫咪的寿命增长到 15 ～ 16 岁。这也是推荐室内饲养猫咪的原因之一。

目前推测室外饲养的猫咪的寿命为 5 ～ 7 岁。室外饲养的猫咪遭遇交通事故及患病的风险很高，还有各种潜在危险——即使戴着项圈也会被误带到收容所、会被狗袭击、会在与其他猫咪打架时受伤等。因此，如果希望猫咪陪我们的时间久一些，还是在室内安全地饲养猫咪吧。

室外饲养可能遇到这些危险

交通事故

现在外面的车辆较多，很多动物经常会遇到交通事故。不仅是猫咪蹿到车道上的状况，有时候猫咪还会躲在停车场的车辆下面，这些都很危险。

会感染细菌或跳蚤

如果猫咪接触到没有接种疫苗的流浪猫，就有可能感染疾病。另外，草丛里也会有跳蚤，猫咪钻到草丛里很容易染上跳蚤。

迷路

猫咪可能沉浸在玩耍之中，想去探索一些未知的地方，那样就有可能迷路。

被虐待

现在也会发生一些动物被人伤害，以及被投毒的事件。家养的猫咪一般喜欢与人亲近，这样遇到虐待动物的人也无力防备，就有可能被伤害。

第3章

要擅长和猫咪沟通

成为猫咪喜欢的主人

原则——不做猫咪讨厌的事情

建立信赖关系是人类和猫咪能够和平共处、舒适生活的关键。即使是爱撒娇的猫咪，也有想悠闲独处的时候，这时去打扰它是会被嫌弃、讨厌的。和人类间的交往类似，距离产生美，与猫咪也要保持良好的距离感。

为了保持良好的距离感，首先要了解猫咪讨厌的事情。“不做猫咪讨厌的事情”是让它喜欢主人的捷径。

这些行为不可以

没完没了的触摸

猫咪原本不喜欢身体被触摸。如果猫咪已经表达了不愉快的情绪（叫、快速摇动尾巴等），就不要再触摸它了。

突然快速移动

猫咪很不喜欢周围的人、物突然快速移动。它会觉得那是袭击自己的敌人，从而感到危险。

发出很大的声音

猫咪听觉发达，对声音敏感。突然发出很大的声音，会吓到它，也会让它变得警戒，要注意噪音。

无视

猫咪在有需求时，一般通过态度、叫声引起主人的关注。这时，一定要和它说话。重复这样的对话，可以与它建立信赖关系。

扔东西、挥动棒状物体

猫咪害怕具有攻击性的动作，因此不要在猫咪面前做这些让它害怕的动作。

对猫咪来说主人是怎样的存在

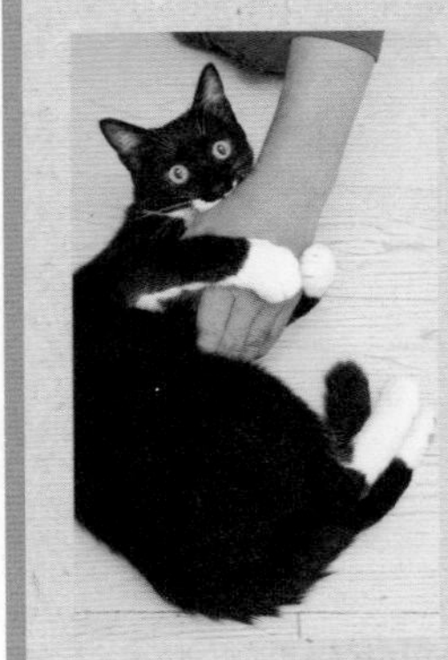

因为会被保护、喂食，所以对大多数猫咪来说主人是近似父母一样的存在，也有些猫咪觉得主人是能让它安心的室友或志同道合的朋友。猫咪和狗狗不一样，不会把主人当成“我的领袖”。

与猫咪沟通的Q&A

Q1 舔主人的眼泪是因为产生了共鸣吗？

A 舔眼泪能得到奖励。

猫咪以前应该有过类似的经历，原本是想帮主人梳洗而舔了主人的眼泪，意外地得到了表扬或抚摸。这不是因为产生了共鸣，而是猫咪学会了舔眼泪就能得到奖励。

Q2 可以给猫咪的腰部做按摩吗？

A 没问题。

给它按摩腰部时，猫咪会自然抬起屁股，让尾巴上的臭腺变高，这是互相确认气味的行为。如处于发情期，按摩腰部属于性刺激。平时如果猫咪喜欢，可以给它按摩。

轻轻拍打腰的左右两侧，大多数猫咪都喜欢这种腰部按摩。

Q3 带老鼠、虫子回来是在向主人表示感谢吗？

A 是想给喜欢的人看看。

与其说是表示感谢，不如说是希望让那些对自己有好感的人看看自己的收获。“快看快看！我带了东西回来！”猫咪的这种心理与小朋友相似。狩猎是猫咪的本能。当猫咪带着捕获的东西回来时，请不要批评它。

Q4 人类吵架时，为什么猫咪会“插一脚”呢？

A 因为它学会了只要自己一叫吵架就会平息。

猫咪以前应该有过类似的经历，感觉氛围与平时不同，它不安地叫了起来，结果一叫吵架就平息了，恢复了平常的平稳状态。所以，猫咪知道自己一叫就能带来好的结果，遇到同样的状况它就会叫。

Q5 睡觉时，为什么猫咪要把头贴在主人身上呢？

A 因为可以安心睡下。

对猫咪来说，主人是母亲一样的存在，即使成年了它也会把身体的一部分贴在主人身上，这样才能安心。当然，也有猫咪是把爪子放在主人身上才能睡下。

对视并慢慢眨眼

猫咪一般在与敌人打架时才会与对方对视。猫咪与你对视且慢慢地眨眼睛，说明它感受到了你的爱意，证明它很有安全感。

让主人随意触摸

猫咪原本不喜欢被触摸身体和脸颊。如果是自己视为母亲、已敞开心扉的主人，不论触摸什么地方它都不会生气。

过来
踩、踩、踩

猫咪喜欢踩、踩、踩，这是幼猫时留下来的一种行为习惯。在与母亲般的主人接触的过程中，它可能不知不觉地回到了孩童时代吧。

四脚朝天

猫咪只在它敞开心扉的人面前四脚朝天，让你看到它的肚子。这表示它完全放下了戒备心，处于安心的状态。

乖乖地
被抱抱

因为抱抱会剥夺身体的自由，所以大部分猫咪都不喜欢抱抱。然而，如果是来自最喜欢的主人的舒服的抱抱，它就会乖乖地依偎着。

猫咪喜欢主人的种表现 10

过来舔脸颊

如同猫咪间互相舔舐、梳毛一样，这是它对最喜欢的主人的爱意表达。

趴在腿上

猫咪趴在主人腿上，是想撒娇的表现。它相信这个人不会做让它讨厌的事，可以让它安心。

跟在身后纠缠不休

有些猫咪喜欢跟在人的身后转悠，像“跟踪狂”一样监视着你的一举一动。这是它将你视为母亲、对你感觉很特别的表现。

一起睡下

这经常见于寒冷的季节。猫咪蜷缩在安心之人的怀里，一边撒娇一边舒舒服服地睡下。

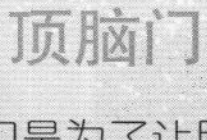

顶脑门

顶脑门是为了让脸颊上的臭腺散发气味，进行标记。这是它的一种表达爱意的方式，也显示出“你是我的”！

好好培养猫咪的社会化能力

从出生后到3个月 就要让猫咪获得各种各样的体验

为了让猫咪能够与家人一起舒适地生活，除教给猫咪上厕所、磨爪等基本的生活技能外，还有一点是很重要的，那就是要培养猫咪的社会化能力。从出生后到3个月，是猫咪社会化的“感受期”，这是非常重要的时期。所谓社会化，指的是无论对于什么事都能够习惯。

比如，猫咪可以接受我们触摸它的爪尖、口中、尾巴、肚子等身体的各个部位，也包括能够与其他猫咪、老年人、孩子等各种各样的动物或人接触，还包括对吸尘器等日常用品的习惯等。另外，猫咪还需要能够适应我们帮它梳理被毛、刷牙，并且乖乖待在猫笼里。

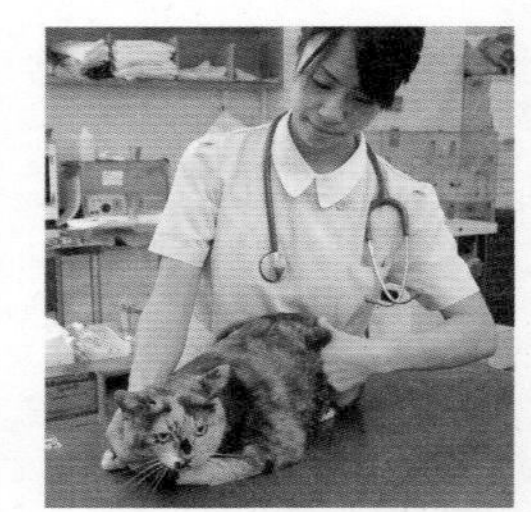

但是，在大部分情况下，当我们开始养猫的时候，猫咪已经出生60天左右了，这时候离社会化时期的结束只有一个月左右了。在这段时间里，主人有必要让猫咪适应各种各样的事物。彻底进行了社会化训练的猫咪，能够对主人、其他人及其他动物保持一种信赖感，具有稳定的性格。

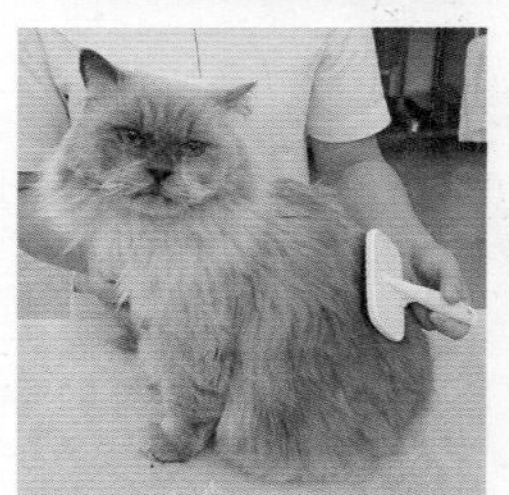

社会化训练内容范例

- □接受原先住在家里的猫咪
- □习惯身体被触摸
- □习惯主人以外的人
- □习惯待在托运箱或猫笼里
- □习惯吸尘器
- □习惯坐车

另外，还有刷牙、去医院等，这种和生活息息相关的事情都要让猫咪习惯。

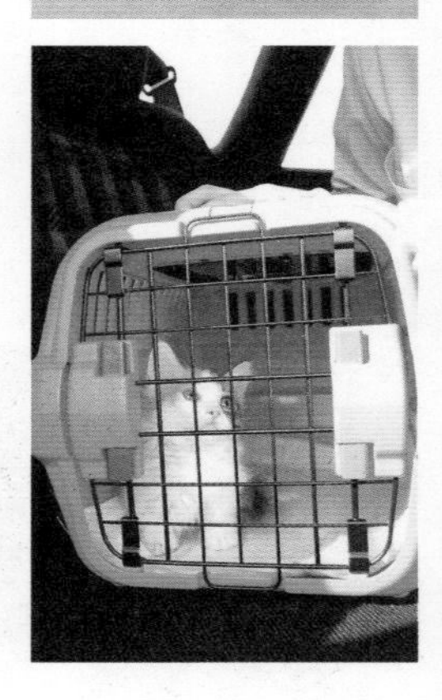

训练猫咪习惯各种各样的事物

让猫咪大胆体验各种各样的事物

为了培养猫咪的社会化能力，从把猫咪接到家里的那一天开始，就需要按照下面所讲的内容训练猫咪习惯各种各样的事物。如果在幼猫时期就能够让它习惯各种各样的事物，猫咪就不会胆小，也容易与人亲近。另外，对主人来说，给猫咪梳理被毛也会变得非常轻松。虽说我们想要猫咪习惯这些事物，但绝对不能让猫咪产生恐惧或厌烦的心理哦。而且猫咪的注意力只能集中很短的时间，如果猫咪感到厌烦，也不要勉强它，可以等待别的机会再尝试。

在社会化时期，与猫妈妈或兄弟姐妹一起生活很重要

在出生后的几周内，如果小猫能够和猫妈妈及同时出生的兄弟姐妹一起生活，那么对于培养其社会化能力是非常有效的。因为母猫会温柔地舔舐小猫，小猫也可以和兄弟姐妹一起嬉戏打闹。在这样的过程中，小猫自然就不会对别的猫咪感到恐惧了。

从这个意义上说，将刚出生的小猫从猫妈妈的身边带走，会影响小猫的社会化能力，应该避免这样的情况。

让猫咪习惯和主人以外的人接触

为了让猫咪习惯人类，有必要让猫咪感觉到人类是非常疼爱自己的。应该先让猫咪渐渐习惯主人的家人及周围的朋友，然后进一步让它接触各种各样的人，如男女老少、各种各样职业的人，以及有各种声音和体格的人。

想让猫咪尽快习惯人类，可以这样做

刚开始玩耍的时候，如果人靠得很近，有可能使它感到害怕。因此，可以在稍微远一点的地方先展示玩具，等待猫咪主动过来玩。

主动给猫咪喂猫粮，也可以使猫咪对不熟悉的人产生良好的印象。

1 不要让别人突然触摸猫咪或抱起它。当主人与其他人说话的时候，可以让猫咪在旁边自由活动，让它习惯有外人存在的环境。

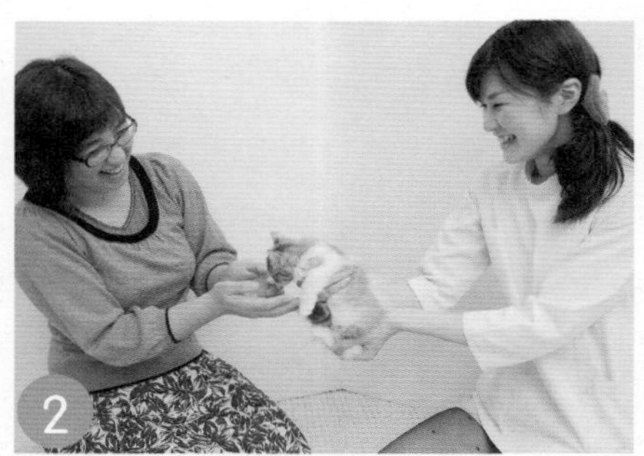

2 让猫咪感受对方的气味。刚开始的时候，把手缓慢地伸到猫咪的鼻子前面就可以了，等猫咪习惯之后，可以用手触摸猫咪的后颈。

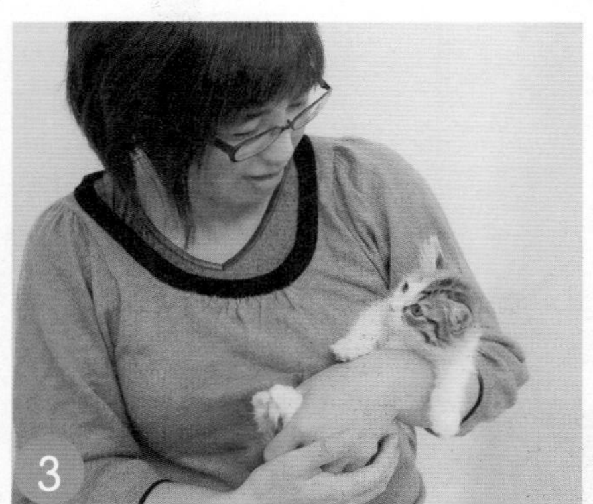

3 如果猫咪的情绪稳定，也可以先把猫咪放在自己的腿上，再抱起它。如果有主人在旁边守候，那猫咪应该会比较放心。

让猫咪适应托运箱

要让猫咪感觉到托运箱是一个安全的地方。如果猫咪习惯待在托运箱里，对主人来说有很多好处，如在带猫咪去宠物医院的时候，或者在外面想让猫咪老老实实待一会儿的时候，都可以将猫咪放进托运箱里。

把托运箱的门打开，并放在猫咪生活的房间里，让它习惯托运箱的存在。

让猫咪自由出入托运箱。为了让猫咪放心，可以在托运箱中放一些玩具或带有猫咪气味的毛巾等。

等猫咪情绪稳定了，可以暂时尝试将托运箱的门关起来。如果猫咪已经习惯了，可以把它放进托运箱里，到附近散步5分钟左右。

让猫咪适应猫笼

猫笼容易使猫咪产生被关起来的感觉。然而，猫咪本身就喜欢狭小的空间，因此只要把猫笼打造得舒适，猫咪就会喜欢待在里面。即使在室内饲养的猫咪，如果能让它喜欢上猫笼，也是非常便利的。例如，在夜里或主人不在家的时候，如果把猫咪放进猫笼里，就可以防止它在我们看不见的时候误食有害的食物。

在猫咪生活的房间里放置一个猫笼，并把猫笼的门打开，在猫笼里面放入猫窝、猫砂盆、玩具等，让猫咪习惯房间里有猫笼的状态。

在猫咪进入猫笼之后，也不要关上猫笼的门，就这样让它在里面休息。

等猫咪情绪稳定之后，可以尝试关上猫笼的门，让它习惯在里面自由活动。就这样重复几天，等猫咪习惯之后，我们就可以在做家务而无法照看猫咪的时候把它放进猫笼里。最好每天都在同一时间让猫咪在猫笼里活动。

让猫咪习惯家中的物品（习惯吸尘器）

吸尘器或烘干机等物品会发出很大的声响，因此很多猫咪都不喜欢。如果在这个时期让猫咪习惯这些物品，将来我们就会感觉很轻松。作为猫咪不喜欢的物品之一——吸尘器，下面教大家如何让猫咪习惯它。

先不要打开吸尘器的开关，让猫咪接触它。为了让猫咪对吸尘器留下良好的印象，可以在吸尘器旁边撒上 20 粒左右的猫粮，也可以在吸尘器的胶皮管上沾上一些猫咪喜欢的猫粮或零食的气味。

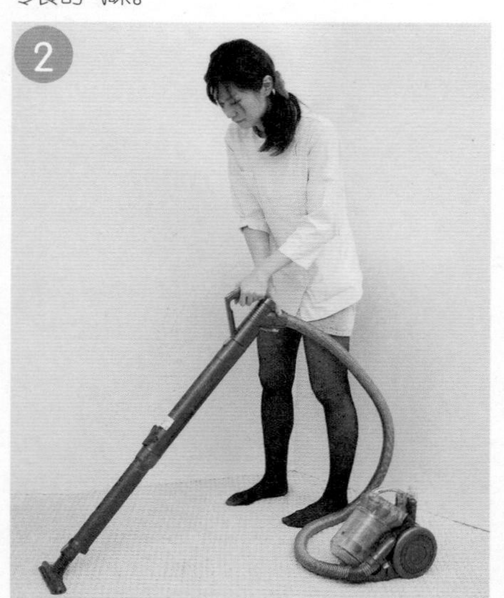

等猫咪习惯了静止的吸尘器之后，可以尝试让吸尘器在较弱的模式下工作，然后渐渐加大功率，注意不要向着猫咪一个劲儿地推动吸尘器。

让猫咪习惯日常护理

需要让猫咪习惯给它梳理被毛、剪指甲、刷牙等日常护理。刚开始可以从训练猫咪习惯被触摸的“触摸训练”做起。

让猫咪接受宠物医院

有的猫咪在接受诊疗的时候会感到害怕，甚至有时会变得具有攻击性，这样就会给医师的检查带来困扰。为了让猫咪不讨厌宠物医院，可以先让医师或医院其他员工把猫咪放在诊疗台上并触摸猫咪的身体，诊疗结束后还可以给猫咪奖励零食，给猫咪留下一个美好的回忆。

让猫咪适应新环境（搬家）

猫咪很讨厌环境变化，因此搬家可能给猫咪带来很大的压力。在搬家的当天最好把猫咪寄存在某个地方，这样就可以让猫咪远离忙乱的搬家现场。在新家也要使用猫咪之前用过的猫窝、玩具等一套物品，尽早为猫咪打造一个放心的空间。在猫咪习惯新家之前，为了保证猫咪不产生紧张情绪，可以把它放在人少的地方，给它创造一个稍微隐蔽一些的空间。等猫咪渐渐确认这是一个安全的场所后，它就会越来越放心了。

有时候我们还会发现，搬家之后不久，猫咪好像很慌张地在屋里探索着什么。

让猫咪习惯坐车

为了能够顺利带猫咪去宠物医院，需要让猫咪习惯坐车。为了保证路途中的安全，一定要将猫咪放进托运箱里。首先可以让猫咪习惯短距离的兜风，在途中也要把猫咪放进托运箱里。为了让猫咪放松一点，还可以在托运箱中放一些玩具。另外，在坐车之前要尽早让猫咪吃饭和上厕所。

把托运箱放在车的座位上时，主人需要用手支撑一下或用安全带固定一下，一定注意不要让托运箱滑落。另外，还可以时常和猫咪说说话，让它放心。

乘坐公共交通工具的时候怎么办

不同的公共交通工具，根据运营的公司和车辆的类型不同，其规定也不同，因此在出行之前需要确认一下。

电车

在有工作人员的检票口处，可以购买一张随身携带行李的车票（相当于猫咪的车票），然后就可以凭车票乘车（主人的车票要另外购买）。一定要把猫咪放进托运箱里，在车内绝对不能把猫咪放出来。如果猫咪在里面叫得很厉害，就需要马上下车，等猫咪情绪稳定之后再乘车。有时候对于托运箱的尺寸和重量会有限制，因此需要提前确认。

飞机

出发之前，需要把猫咪放进托运箱里并寄存在服务台。托运箱通常存放在飞机的货舱中，货舱的空调同样舒适。很多航空公司在飞机到达后，都不会把猫咪像行李一样处理，而是由工作人员直接送交客人。托运的费用根据路途的长短也不同，日本国内航班通常是一个托运箱 5000 日元（约 290 元）。

如何巧妙地表扬或批评猫咪

不要批评猫咪，要经常表扬它

猫咪喜欢被表扬，但是它不会像狗狗一样为了得到表扬而专门做一些事情。与批评猫咪相比，表扬猫咪是确保猫咪和主人之间关系良好的秘诀。

另外，让我们感觉困扰的很多猫咪的行为，都是猫咪本身的习性，因此即使批评猫咪也无济于事。如果经常对猫咪生气，或者经常拍打它，很可能使猫咪对主人产生恐惧心理。为了与猫咪融洽相处，不应该批评它，而是要给它创造一个良好的生活环境。关于让我们头疼的一些猫咪的行为，处理方法请参考第 8 章。

一边表扬一边抚摸

可以一边对猫咪说“真是好孩子啊”，一边抚摸猫咪的脖子和耳朵后面。

Q 一被批评就梳毛、打哈欠，这是为什么呢？

A 猫咪从主人的语气中感受到了不稳定的气氛，于是会很紧张。为了让不安的心平静下来，它会远离让它紧张之处，在安全的地方梳毛，或者通过打哈欠来缓解压力。

与猫咪对视

猫咪通常在打架的时候才会与对方对视。如果强硬地与猫咪对视或瞪着它，会让猫咪感觉被恐吓而害怕。

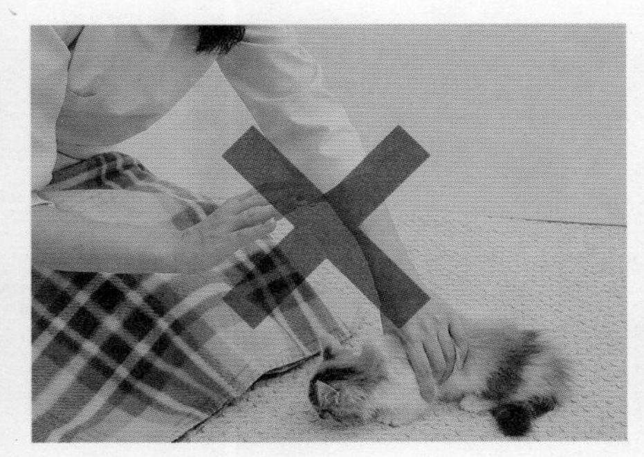

拍打猫咪或体罚它

如果拍打猫咪，也许猫咪当时会停止让人头疼的行为，但是也会出于恐惧而降低对主人的信任，因此这是绝对禁止的。

为了不批评猫咪我们该怎么处理

猫咪无法理解人类的语言，所以它不可能明白你的说教。为了防止猫咪产生让人头疼的行为，应该想出一种对策让猫咪感觉“不想那样做了”。下面介绍一些方法能让猫咪意识到“这么做的话就会有讨厌的事情发生”，这样就不会破坏猫咪与主人的关系了。

● 故意让东西掉下来

猫咪喜欢爬到高处，但是有些地方猫咪爬上去会让我们感觉很困扰。这时候可以在这些地方放上装满硬币的罐子等，当罐子掉下来的时候会发出很大的声音，也可以将书本叠放在一起，故意摆放得很不稳固，这样一来，猫咪爬上去脚下就会踩滑，书本就会掉下来。这时候猫咪就会意识到，如果爬到这些高处就会有讨厌的事情发生，因而就不会再爬上去了。

● 用喷壶向猫咪喷水

如果没有更好的方式防止猫咪做出让人头疼的行为，也可以用喷壶向猫咪喷水。如果猫咪看出是主人在向自己喷水，很可能变得讨厌人类，因此可以离猫咪远一些，趁猫咪不注意时向它喷水。这个方法的要点是要让猫咪意识到“这么做的话就会有水喷向自己”。

● 不想让猫咪爬上去的地方可以贴上双面胶

在猫咪会爬上去的地方贴上双面胶，如果猫咪踩到，肉球就会变得黏糊糊的。这样一来，猫咪就会讨厌那个地方，不会再爬上去。

猫咪喜欢的快乐游戏

能够满足猫咪的好奇心、刺激猫咪去探索的游戏

猫咪的好奇心很旺盛。为了能够通过游戏来满足猫咪的好奇心并刺激它的探索欲，我们可以准备一些玩具，给猫咪打造一个能尽情玩耍的环境。通过游戏能让猫咪获得各种各样的体验，也有利于培养猫咪的社会化能力。

另外，对猫咪来说，与主人玩耍也是一件重要的事。通过与主人进行愉快的接触，猫咪可以更加信赖主人，从而使双方的关系更加牢固。一次玩耍的时间可以很短，因此可以在一天之中多次和猫咪玩耍。

猫咪喜欢这样的玩具和游戏

小的布偶或其他布制的东西，猫咪都可以抱住咬。通过抓住物体一边咬一边玩，在这个过程中，猫咪也可以学会使用牙齿和爪子。

使用激光笔，操作起来更轻松。

狗尾巴草、圆球等运动的玩具可以刺激猫咪的狩猎本能，通过追逐和捕捉可以达到很好的运动效果。追逐激光笔的光点也是同样的道理。有些猫咪对电视和电脑上的视频也很感兴趣。

可以发出声音的东西

里面装有铃铛的圆球或纸制品，一触碰就会发出声音，猫咪很喜欢。

本页商品全部来自Ⓓ。

Q1 是积极主动地引导猫咪玩耍比较好，还是在猫咪主动过来之前不去干涉比较好？

A 如果是刚刚来到家里的猫咪，最好不要过多地干涉它。等它习惯了之后，可以在猫咪面前滚动球，或者在稍远一些的地方挥动狗尾巴草。如果猫咪表现出想要玩耍的样子，哪怕是很短的时间，也可以和它玩一会儿。之后如果看到猫咪想要玩耍，就可以尽情地和它玩耍了。

Q2 如果在小猫时期就利用狗尾巴草和小猫激烈地玩耍，会不会给小猫的身体造成负担呢？

A 尽量避免和小猫长时间玩耍，可以在一天之内多次进行短时间的玩耍。不过小猫的注意力很难集中，很可能在感觉疲倦之前就停止玩耍了。

可以让猫咪上蹿下跳的东西

可以使用猫爬架等能让猫咪享受上蹿下跳运动的东西，因为猫咪最喜欢跳到高处再跳下来的运动。

可以钻进去玩耍的东西

如果有箱子、纸袋或隧道之类的东西，猫咪一定会钻进去。因为猫咪本身就很喜欢狭小的空间，钻进去之后感觉很安心，同时可以满足猫咪的探索欲。

猫咪之间的嬉戏打闹

如果有兄弟姐妹或一起居住的猫咪，它们最喜欢一起嬉戏打闹。这个活动乍一看像打架，却能很好地让猫咪学会使用牙齿和爪子，因此这是猫咪之间沟通和交流的必要方式。如果没有一起居住的猫咪，主人也可以和猫咪玩耍。

猫咪的压力

了解压力产生的原因，并尽量排除

对猫咪来说，压力是指感到危险和不愉快。让猫咪产生压力的原因有很多，很多时候声音、自己以外的动物或人的活动、环境的变化等都能让猫咪产生很大的压力。

如果一直有压力，猫咪在行为上会有变化，如变得狂躁，也有可能因食欲下降等导致生病。我们要了解猫咪的喜好，尽量避免让它产生压力，打造可以让它安心的生活环境。

客人来访

猫咪初次见到客人时容易紧张。请客人在远处观望猫咪，不要突然触摸、拥抱它。

小朋友

有些小朋友会突然叫得很大声，粗鲁地抚摸猫咪，这对猫咪来说是很可怕的。当然，也有猫咪在习惯以后能和小朋友建立友好关系。

其他的猫咪、宠物

猫咪之间也有性情是否相投的问题，互相合不来的猫咪会成为彼此压力的源泉。猫咪对体形、叫声比自己大的动物会感到害怕。

猫咪感到压力时的信号

压力可能导致猫咪突然开始做些平时不做的事情。如果观察到猫咪有右侧所述行为，在寻找原因的同时，更要仔细观察猫咪的身体状况。

- □食量减少或不进食
- □在厕所以外的地方排泄
- □躲在狭小的地方
- □一直舔舐身体
- □叫得频繁
- □啃咬并吞吃瓦楞纸箱或纺织物

宠物医院、户外

因为会被医师触摸、会感到疼痛，所以猫咪最害怕的地方可能是宠物医院。有些猫咪一看到去医院时用的托运箱就害怕，有些猫咪也会因为户外和家里的环境不同而害怕。话虽如此，在生病或体检时还是要带它去医院，所以要从幼猫时期开始让它养成去医院的习惯。注意在医院的体验不要给猫咪留下心理阴影。

搬家

搬家收拾东西时，人们来回走动，家里的环境也会发生变化，这对猫咪来说压力巨大。如果新家的距离较远，对它来说途中的移动也是负担。猫咪适应新环境也需要一段时间。

重新布置房间

和搬家一样，移动家具时人们会走来走去，嘈杂的环境会给猫咪带来压力。另外，猫咪熟悉的家具位置发生了变化，或者喜欢的地方没有了，都会让它感到烦躁。

地震

地震引起的摇晃、发出的声音，以及人们惊恐的声音，这些都是猫咪不擅长应对的，它会感到害怕。有时人类没感知到的小地震，猫咪会感知到，从而变得不安。

压力不明时，先检查这些

先确认是否是上述原因导致猫咪产生压力的，然后审视猫咪的生活环境是否舒适，尝试改进右侧所述内容。即便如此，如果仍可见到猫咪因压力而引发一系列不正常的行为，那有可能是猫咪生病了，建议咨询医师。

- □猫厕所是否保持清洁
- □喂的食物是否是猫咪喜欢吃的
- □周围是否有猫咪讨厌的声音、气味或其他物品
- □猫咪会不会很无聊？有没有猫咪可以玩的玩具
- □猫咪是否能上蹿下跳
- □是否过于在意或无视猫咪

专　栏

在集体住宅中饲养猫咪需要注意什么

最近有很多集体住宅都可以饲养宠物了，但是在租房的情况下，很多地方都是禁止饲养宠物的。绝对不能无视住宅区的规定而擅自饲养猫咪，应尽快搬到符合规定、可以饲养猫咪的地方。

即使是允许饲养宠物的住宅区，也会限制宠物的大小和数量，要遵守相关规定。注意不要让猫咪在晚上发出很大的声音，以及不要让猫咪的毛发飞到邻居家，还要注意猫厕所的气味不要给别人带来困扰，等等。

在集体住宅中饲养猫咪的七大要点

1 **不要在深夜吵闹。**

2 **为猫咪梳理被毛的时候要关闭窗户，不要让毛发飞出去。**

3 **仔细清理猫咪的厕所，不要留下气味。**

4 **外出时把猫咪放进托运箱里。**

5 **不要让猫咪在墙壁或柱子上磨爪。**

6 **处理食物残渣时，要注意扔垃圾的规定。**

7 **做好对跳蚤和螨虫的处理。**

第4章

从猫咪的行为和姿态了解它的心情

从表情和姿态读懂猫咪的心情

猫咪也有各种各样的情绪

猫咪当然也是有情绪的，但是并不像人类那样有着复杂的内心活动。猫咪的情绪是与生俱来的单纯情绪。例如，被主人抚摸的时候会感到“高兴”；领地被入侵的时候会感到“生气”；用玩具玩耍的时候会感到“愉快”，等等。

类似这样的种种情绪，猫咪都是通过表情和姿态来体现的。只要仔细观察猫咪，就能理解猫咪此时此刻的心情哦。

猫咪的表情主要是通过眼睛和耳朵来体现的

要想读懂猫咪的情绪，首先要关注猫咪的表情。猫咪的瞳孔大小，可以表现出各种各样的情绪。另外，胡须的动态及耳朵的状态（是竖起来的还是耷拉下去的），都能够反映猫咪的情绪。

除了表情，猫咪的叫声也能体现出它的情绪。如果你呼唤猫咪，猫咪会用叫声来回应你；如果猫咪向你乞求什么，它也会用撒娇的声音喵喵叫；如果猫咪生气了，或者想要威吓对方，它就会发出低沉的声音。

从瞳孔、胡须、耳朵的动作中读懂猫咪的心情

瞳孔、胡须、耳朵三者连动，体现出猫咪此刻的心情。

这时稍微还保留着一些强硬的情绪，正在纠结是逃走还是不逃走。猫咪越是感到不安，它的耳朵后侧就露出得越多。同时，耳朵是向下耷拉的状态，瞳孔几乎是圆形的。

兴趣盎然时的猫咪，瞳孔较大，眼睛闪闪发光。耳朵竖起来，胡须向前展开，像雷达一样收集信息。

这时猫咪的耳朵向前伸，瞳孔中等大小。因为很放松，所以没有用力。耳朵和胡须都是非常自然的状态。

这时猫咪的瞳孔放大，耳朵稍微朝向后侧，并且向下弯折。如果猫咪表现出这样的表情，那说明它感到极度恐惧和不安。

当猫咪表现出强硬的态度时，它的脸部肌肉比平常状态更有力量，瞳孔变得细长，目光尖锐，耳朵稍微向后拉伸，胡须向前。

通过姿态看出猫咪的意图

要想读懂猫咪的心情，除研究猫咪的表情外，还可以通过猫咪的姿态和尾巴的动作来理解。当猫咪表现出强硬的态度或想要攻击对方时，它的头部会向上抬起，耳朵竖起来，背部挺起来，整个身体会变高，尾巴也会竖起来，慢慢地摇摆。这是因为猫咪想把自己的身体表现得比实际上更大一些。

相反，如果猫咪感到非常害怕，它的耳朵会呈水平状态耷拉下来，身体会蜷缩起来。

从体态、姿势中读懂猫咪的心情

因为很放松，所以身体几乎没有用力，后背也是水平的，尾巴自然下垂，耳朵朝向前方。

攻击

当猫咪表现出强硬的态度，想要攻击对方时，就会把头部和背部抬高，让身体显得更大一些。一旦进入攻击状态，为了能够随时跳起来，猫咪会弓起背，头部向下，用两条前腿发力。

放松

安心放松时的猫咪，一般是蜷着身体的姿势，也有呈香箱坐的姿势。若是它躺下全身伸展，四脚朝天，更是完全放下了警戒心。

隐藏害怕的心情，威吓对方

害怕时的猫咪，耳朵会耷拉下来，后背弓起，全身的被毛都竖起来，尾巴也会竖起来。虽然这时候的猫咪感到非常害怕，但是也要在对手面前假装出强硬的姿态，不认输。

当猫咪感到非常恐惧的时候，会把身体蜷缩起来，整个身体会降低，耳朵会大幅度弯折，尾巴会耷拉着拖在地上左右摇摆。

从叫声中读懂猫咪的心情

猫咪通过叫声与同伴交流，向主人传达要求。聆听猫咪的叫声，能渐渐了解猫咪的心情。

猫咪因为某些原因很紧张，当紧张得到缓解后就会情不自禁地发出这种声音。与其说这是从嘴里发出的声音，不如说更像人类鼻子呼气时的“呼”声。

东西好吃
心情大好

这是猫咪在东西好吃、心情大好时的叫声。据说是小猫吃奶时向母亲传达满足感的叫声的残留。

要求与
希望

这是猫咪在撒娇时的叫声，在表达“给我饭”“抱抱我”等。在猫咪发出“喵～喵～”的长声时，可能是有什么不满之处。

猫咪用轻微的“喵”声和主人、家人、熟悉的人打招呼或回应人们的呼唤，也用这种叫声和同一屋檐下的同类打招呼。

这是猫咪在发情时呼唤异性、回应异性的叫声，声音非常大。

兴奋
关心

这是猫咪玩得兴奋或在看到窗外的小鸟很激动想要抓住时的叫声。有些猫咪的叫声听起来像“咯咯咯”。

威吓

这是当其他猫咪、来访客人等侵入了自己的势力范围，猫咪切换至警戒模式，想赶走对方时的叫声。这多半是为了避免纷争而发出的声音。

疼

这是猫咪受伤了、尾巴被踩到时自然发出的悲鸣般的声音。听到这个声音，要检查猫咪是否受伤了。

猫咪的尾巴也是表现情绪的重要工具哦

有时候我们叫猫咪，猫咪却没有反应。虽然这时它的身体一动不动，但仔细一看，它的尾巴却在微妙地动着，这说明猫咪已经注意到我们在叫它了，但是它不感兴趣。

猫咪尾巴的摇摆幅度及速度，可以体现出猫咪不同的心情，如焦虑、感兴趣、很在意等。因此，我们也可以通过猫咪尾巴的动作来读懂猫咪的心情。不仅是尾巴的动作，我们还可以通过猫咪尾巴的位置来判断猫咪的心情哦。

从尾巴的动作中读懂猫咪的心情

摇动竖起来的尾巴→开心

猫咪吃了东西或被抚摸后很开心时，就会左右摇动竖起来的尾巴。它用尾巴的小幅度摇摆，表达自己开心的心情。

尾巴竖起来→撒娇

这个姿势原本是小猫想让母猫舔自己屁股时的动作。如果猫咪在你面前做出这个动作，说明你是它信赖的、想要撒娇的对象。

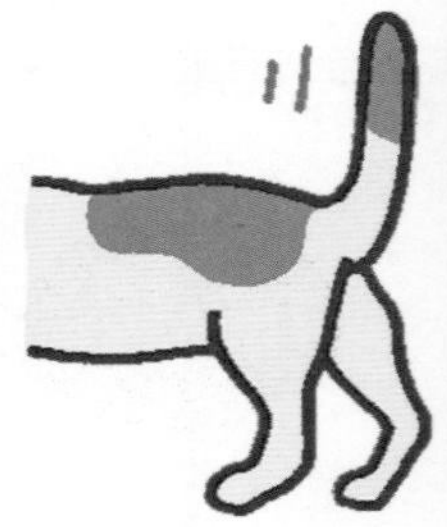

尾巴自然下垂→放松

尾巴自然下垂，说明猫咪正处于很放松的状态。这时它的尾巴没有用力，慵懒、放松。

尾巴的尖端轻微地摆动→感兴趣

当猫咪对某些事物感兴趣的时候，会由于兴奋而轻微地摆动尾巴的尖端。例如，在它瞄准猎物的时候，就会表现出这样的状态。

尾巴的秘密

不同个体、不同种类的猫咪尾巴的长度和形状各有不同。尾巴很长的猫咪，有时会突然发生变异，生出短尾巴猫咪。尾巴变短与遗传基因有关，是由尾椎的骨头变少或间隔变小引起的。另外，短尾巴猫咪间的交配，让短尾巴猫咪越来越多。

其中，有些猫咪的尾巴尖呈弯曲状，被称为“钥匙尾”。据说日本猫中有很多这样的猫，特别是长崎的猫，一半以上是“钥匙尾”。“钥匙尾”具有“尾巴尖能带来幸运”的寓意，当地人认为这种猫很吉祥。

全身被毛竖起来展开→威吓、生气

正在打架的猫咪会表现出这样的状态，尽管它的内心满是恐惧，但还是不认输。

垂下尾巴→观察、临战防御

当猫咪在观察附近的敌人、处于备战状态、保护自己时，尾巴是垂下的。但是与放松时的自然下垂不同，此时的尾巴充满了力量。

缓慢地摆动尾巴尖→很在意、有点烦

如果猫咪发现自己在意的东西，但是还没有达到采取行动去捕捉的程度时，或者对在意的东西感到烦躁时，它就会缓慢地摆动尾巴尖，表现出这样的状态。

大幅度左右摇摆→焦虑

与狗狗不同，如果猫咪的尾巴大幅度地摇摆，说明它感到非常焦虑。这时猫咪也许正在准备攻击或反抗，我们需要找出导致它焦虑的原因并排除。

猫咪不可思议的行为和姿态

Q1 猫咪的记忆有多久？会留下创伤、阴影吗？

A 不好的记忆是会留下的，但能保持多久尚不清楚。

猫咪为了在危险中保护自己，一旦有了恐怖的经历就会记住，并留下心理创伤。比如，我们经常看到，在医院有过痛苦经历的猫咪甚至都不愿意走进托运箱中，不小心掉进过浴缸的猫咪不愿意靠近水。这些痛苦的记忆具体能持续多久会因猫而异，目前尚不清楚。

Q2 猫咪会表演吗？

A 它记住表演内容要花很长时间。

猫咪能表演，但记住表演内容花费的时间要比狗狗长。在教动物技能的时候，要在动物做出动作后及时给予奖励、表扬。对狗狗来说，给些零食就是奖励，但这个方法对猫咪不是很有效。猫咪即使表演得很好，也常常不能及时得到表扬，所以如何奖励掌握起来会比较难。

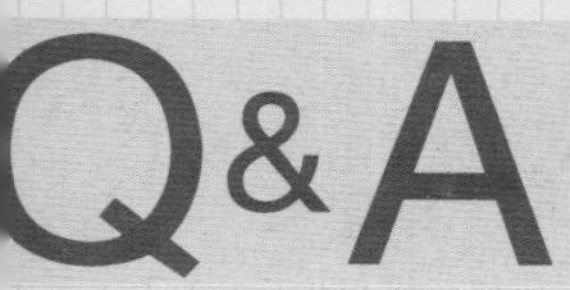

和猫咪一起生活的时候，我们常常会感到不可思议：猫咪怎么会产生这样的行为呢？为了能够更好地理解猫咪，并和猫咪做朋友，下面就来了解一下猫咪不可思议的行为和姿态是如何产生的吧！

Q3 猫咪高兴的时候，喉咙里为什么会发出咕噜咕噜的声音？

A 有一种说法是这源自小猫时代的美好记忆。

猫咪发出的咕噜咕噜的声音，据说是由于咽喉部位伪声带振动而产生的，但是具体情况我们并不清楚。关于发出声音的原因也有很多种说法，但是最早的一种说法是：这是小猫在吮吸母猫乳头的时候，为了证明自己的存在而从喉咙里发出的一种声音。由于这时的美好记忆还残留在猫咪的脑海里，所以即使长大了，在开心或感到放心的时候，它还会发出咕噜咕噜的声音。

Q4 猫咪为什么喜欢踩被子？

A 这是喝奶的时候养成的习惯。

小猫在喝奶的时候，为了让母猫的乳房产生充足的奶水，会用两只前脚在母猫的乳房周围踩。在长大之后，在睡觉的时候，或者在接触到柔软的毛巾和被子的时候，小猫时代的这种记忆就会被唤醒，它就会开始一边吮吸一边踩被子。

Q5 叫猫咪名字的时候，它会回应你，它真的听懂了吗？

A 它听懂了。

如果你每天都叫同一个名字，猫咪应该能听懂。有的猫咪，你叫它，它会答应你；还有的猫咪，你站在它面前叫它的名字，与它对话，它会竖起耳朵来倾听。相反，也有的猫咪明明听懂了你在叫它的名字，却表现出好像没有听见似的，这只能说明，猫咪没有心情搭理你哟。

Q6 猫咪能够理解人类的语言吗？

A 不能理解得很精确。

像"吃饭啦"这样的句子，我们每天都会说，而且句子很短，猫咪可能多少能理解这句话的意思。但是对于语言的丰富含义，猫咪是无法理解的。然而，我们和猫咪长年生活在一起，多少可以通过猫咪的表情和动作理解它想表达的意思。

Q7 你打电话的时候，为什么猫咪会叫得更厉害？

A 因为猫咪想让你放下手中的电话和它一起玩。

明明猫咪在这个时候还没有感到饥饿，但是一旦主人开始打电话，它就开始“喵喵”地叫起来。猫咪的这种行为说明它想让别人注意自己，想让对方和自己待在一起，因此发出了这种信号。也可以说是由于主人没有关心自己，猫咪对主人的漠不关心感到不满而表示抗议。

Q8 猫咪有自己的语言吗？

A 与其说是语言，不如说猫咪是通过声音的抑扬顿挫来表达情感的。

当猫咪想要主人为自己做什么事，或者有所诉求的时候，它就会改变声调，以此来表达自己的情感。另外，在深夜的公园等地方，猫咪常常会聚集在一起，像开会一样。这种现象还没有一个确切的解释，但是有一种说法是，猫咪之间通过发出一种特殊的声波来互相传达意思。

Q9 那个地方明明什么都没有，为什么猫咪会目不转睛地盯着呢？

A 也许是猫咪通过超强的听觉感知到了什么。

这是在猫咪身上经常看到的一个动作，具体原因尚不明确。然而，猫咪的听觉比人类要强很多，也许在我们看来明明什么都没有的空间，猫咪却感知到了什么。还有一种说法是，猫咪为了感知什么，而在那里沉淀自己的感觉呢。

Q10 据说猫咪很喜欢嫉妒别人，果真如此吗？

A 从猫咪的戒备心和占有行为来看确实是这样的。

有时候家里来客人，猫咪会发出嘶嘶的声音威吓对方，并不和对方亲近。由于猫咪的戒备心和占有欲很强，当它发现自己最喜欢的主人和客人正在兴奋地聊天时，会感到很不安，而希望主人和自己在一起。从人类的角度来看，猫咪的这种行为具有很强的嫉妒心。然而，也有些猫咪能够融洽地与客人相处。

Q11 听说猫咪是美食家，这是真的吗？

A 猫咪的味觉很迟钝，但是对气味很敏感。

据说猫咪的嗅觉灵敏度是人类的几万倍，因此它可以通过闻味道来分辨吃的是否是自己想要的食物。猫咪本来就是肉食动物，不像狗狗那样什么东西都吃，因此人们感觉它像一位有品位的美食家。但是猫咪并不像人类一样能够感受到味道的差别。猫咪不吃某种食物并不是因为其味道不好，而是因为它对食物的气味不满意。这就是猫咪感到厌烦而不吃东西的原因。

Q12 为什么你一打开报纸，猫咪就会躺上去？

A 这是猫咪想让主人和自己一起玩而发出的信号。

当你在地板上打开报纸或杂志时，猫咪就会顺势躺上去。因为猫咪无法理解人类读报纸的行为，它认为主人很空闲，希望主人和自己在一起，并向主人撒娇，所以就产生了这样的行为。

Q13 为什么猫咪喜欢钻进袋子里?

A 因为那里是能让猫咪安心的场所。

猫咪最喜欢狭小昏暗的场所，因为这样它会感到安心。购物纸袋对猫咪来说是一个非常放心且狭小昏暗的地方。另外，也有些猫咪似乎很喜欢纸袋发出的咔嚓咔嚓的声音和塑料袋发出的沙沙沙的声音。猫咪很擅长和自己喜欢的东西或在自己喜欢的地方玩耍。因此，也许猫咪把购物纸袋当成一个可以玩耍的地方了。

Q14 为什么猫咪喜欢待在高处?

A 这是猫科动物的习性。

很多猫科动物都喜欢爬树，它们喜欢在别的动物都爬不上去的树上休息，或者站在高处远远地寻找猎物，因此现在家养的猫咪也会具有这样的习性。有些动物会觉得站在高处显得比人强大，从而变得具有攻击性，猫咪不会这么想，所以不用担心。

Q15 看到镜子有反应，是因为猫咪知道镜子里的那个是自己吗？

A 正是因为不知道镜子里的是自己，所以才有反应。

它并不知道镜子里的是自己，但应该能感觉出是同类，所以有些猫咪会走到镜子的背面去调查。经过多次观察，镜子里的东西没有触感也没有气味，猫咪就会判断出这是不值得做出反应的东西，最终对它失去了兴趣。还有一种说法是，因为猫咪知道镜子里的就是它自己（让它明白那既不是同类，也不是敌人），所以就没有反应了。

Q16 为什么猫咪怕冷？

A 认为猫咪怕冷只是我们的错觉。

和狗狗相比，我们觉得猫咪似乎怕冷，但实际上猫咪并不是特别害怕寒冷的动物，有些猫咪在深冬季节也可以在野外生存。对猫咪来说，与寒冷的地方相比，温暖的地方更能让它感到舒适，这一点与人类相同。

Q17 人类会说梦话，猫咪也会做梦吗?

A 貌似它在浅睡眠中会做梦。

据说猫咪会做梦。有人调查了猫咪睡觉时的大脑，发现了和人类相似的生物电信号。猫咪睡着时发出的喵喵声，恐怕是和人类一样的——在浅睡眠期间做梦，说的梦话。

Q18 所谓的“香箱坐”是什么?

A 是它在放松时的坐姿。

香箱坐（或称毛包坐）如图所示，是前爪弯曲收至胸部内侧而坐的姿势。猫咪蜷着身体坐着的样子，如古时放入香木等的“香箱”，故得此名。因为前爪已经蜷缩起来了，紧急时刻不能立刻动起来，所以只有在安心、放松时猫咪才会呈现出这种坐姿。

Q19 一遭受挫折就理毛，是因为尴尬而在敷衍吗？

A 不是在敷衍，而是为了让自己的内心平静下来。

猫咪梳理被毛的原本目的是保持被毛的清洁，同时也有“让自己内心平静”的效果。遭受挫折时，或者被主人训斥，气氛紧张，感到不安时，它会用梳理被毛来帮助自己抑制内心的不安。所以说，此时的猫咪并不是在敷衍。

Q20 如何才能让猫咪躺成“四脚朝天”？

A 它只有在超级放松的氛围或环境中才会这样。

只有在超级放松的氛围或环境中，猫咪才会呈现出“四脚朝天”这种毫无防备的姿势。有些猫咪出生环境优越，无须警惕任何事物，在宠爱中长大，所以有时会以这种姿势睡觉。而警戒心强、敏感的猫咪一般不会出现这种睡姿。主人平时要注意和猫咪建立良好的关系，营造能让猫咪放松的舒适环境。另外，即使猫咪四脚朝天地躺下了，也不要马上摸它的肚子，这样容易让它紧张而立刻变换姿势。直到猫咪觉得四脚朝天也很安全，我们尽量不要打扰它。

猫咪不可思议的行为和姿态Q&A

Q21 猫咪擅长忍耐疼痛吗？

A 也许猫咪是一种善于忍耐的动物。

当猫咪的身体碰到什么东西的时候，很少会看见它表现出疼痛的样子，它在手术之后也是立刻就可以行走，但是这并不代表猫咪感受不到疼痛。然而，这到底是因为猫咪的感受能力较弱，还是因为它的忍耐能力较强呢？至今还没有一个定论。但不管怎么说，猫咪能感受到疼痛，这一点是肯定的。

Q22 猫咪不想让别人看到自己即将离世的样子，是真的吗？

A 临终的时候把自己隐藏起来是猫咪的本能。

不仅是猫咪，很多动物在临终的时候为了保护自己的身体不受敌人的侵袭，都不喜欢表现出虚弱的样子。尤其是具有野生动物习性的猫咪，在临终的时候会为了把自己的身体隐藏起来不被敌人发现，而选择待在狭小昏暗、能够让自己放心的地方离世。因此，我们会说猫咪不想让别人看到自己即将离世的样子。

第5章

日常的护理

照料猫咪，这些是基础

为了猫咪的美丽和健康，要让它习惯日常护理

猫咪喜欢用它粗糙的舌头舔自己的全身，以此来梳理被毛。虽说如此，但也有猫咪舔不到的地方，如脖子附近，因此主人对猫咪的被毛进行梳理就显得非常重要。为猫咪梳理被毛，可以使猫咪的身体保持清洁，同时看起来也显得更美观，还具有预防皮肤病和促进血液循环的作用。另外，如果猫咪习惯我们帮它护理眼睛、耳朵、牙齿、指甲等，它就会生活得非常健康。同时，为猫咪进行护理，也能够促进主人和猫咪的身体接触，使关系更加亲密哦。

日常护理的必要工具

*关于清洁工具，可以根据需要选择适合猫咪的用品。

牙刷来自Ⓥ、纱布自备，其他商品都来自Ⓓ。

必要的护理

1 梳理工具

⇨ P107 ~ P109

可以清理脱落的被毛、污垢、皮屑、跳蚤等，还可以促进血液循环及皮肤的新陈代谢，平衡皮脂分泌，并能使被毛具有光泽。

2 跳蚤对策

⇨ P110 ~ P111

如果把猫咪带到室外，一定要防止跳蚤滋生，即使是在室内饲养的猫咪，也有可能在某个瞬间染上跳蚤或螨虫。这些虫子也会叮咬人类，因此一定要加强预防。

3 洗澡 & 吹干

⇨ P112 ~ P115

要为猫咪洗掉脱落的被毛，清理污垢，使其保持身体清洁。猫咪本身就不喜欢被水淋湿，所以我们也不要勉强它听话。在给猫咪洗澡的时候，注意不要让它感到害怕。

4 剪指甲

⇨ P116

根据猫咪的年龄和平时磨爪的程度，为猫咪剪指甲的频率也不同。如果是年龄较小的猫咪，要注意会不会因为指甲长得太快，而钩住地毯。如果是年龄较大的猫咪，也要注意指甲有没有扎进肉球里。

5 刷牙

⇨ P117

如果猫咪的牙齿上有食物的残渣，就会产生牙垢，这会导致牙周病和牙龈炎。应该从幼猫时期就让猫咪习惯刷牙，最好每天都刷。

6 清理眼睛周围

⇨ P118

要仔细观察猫咪的眼睛，如果眼睛周围有分泌物，要立即帮它擦去。如果猫咪感冒了，很可能会流泪，或者分泌物比较多，这时候要带猫咪去医院检查。

7 耳朵的清理

⇨ P118

如果猫咪有耳垢，很有可能引发外耳炎，因此在日常生活中要注意清理。

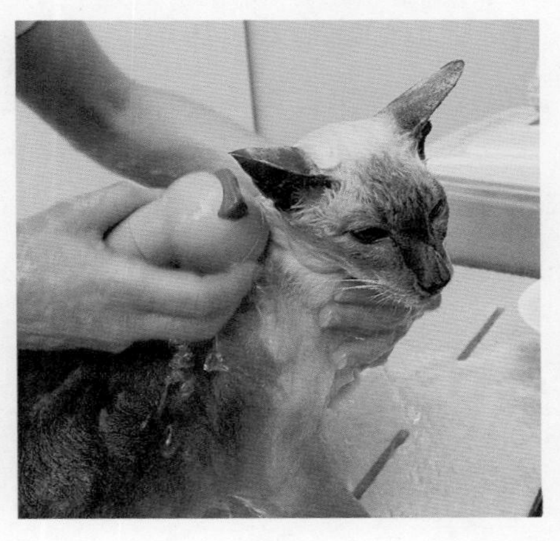

了解猫咪被毛的特征

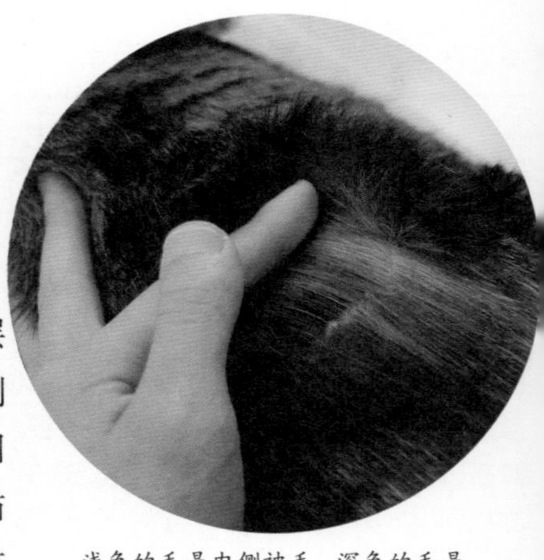
浅色的毛是内侧被毛，深色的毛是外侧被毛

大多数猫咪的被毛都是双层结构的

猫咪的被毛大体上都是双层结构的，外侧被毛较长，而内侧被毛较短。特别是波斯猫、缅因库恩猫、布偶猫这样的长毛种猫咪，或者原产国是寒冷国家的猫咪，它们为了维持体温，基本上都是双层被毛。另外，也有一些猫种几乎没有内侧被毛，像美国卷耳猫。

长毛种猫咪在换毛期，需要特别护理

猫咪的被毛是每天一点点脱落的，但是根据不同的猫种，被毛的脱落方式还是有些不同的。被毛脱落最多的季节基本上是春天和秋天，一年两次。特别是春夏交替之际，被毛脱落得最多，且脱落最多的是内侧被毛。内侧被毛脱落后还有外侧被毛，因此没有办法脱落干净。如果脱落的被毛长时间残留在身体中，有可能出现螨虫、跳蚤等，也有可能使猫咪的身体产生难闻的气味，还有可能引起各种皮肤问题。特别是长毛种猫咪，要每天为它梳理被毛，在换毛期一天要为它梳理多次，必须清除脱落的被毛。

短毛种猫咪的被毛梳理

对猫咪的被毛进行梳理，可以使其皮肤保持干净，让被毛更有光泽，这是护理的基础。如果是短毛种猫咪，平时它通过舔自己的毛来进行梳理已经足够，我们只需要在换毛期每天为它梳理一次就可以了。工具既可以使用排梳，也可以使用针梳，还可以使用硅胶梳。只要是使用起来方便，而且适合猫咪的就可以。

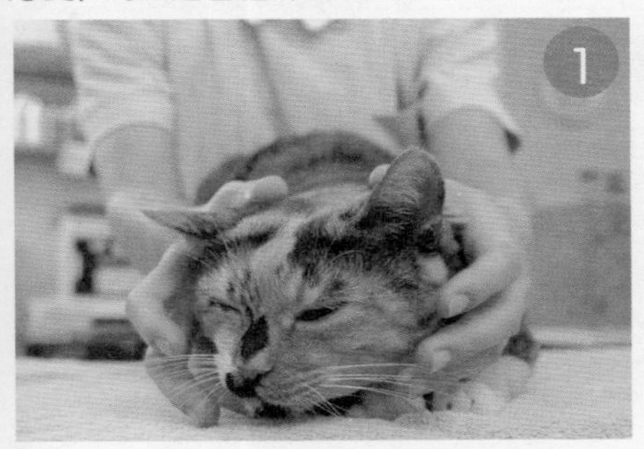

放松▸首先温柔地和猫咪说话，并且抚摸猫咪的头部和身体，给它做按摩。如果猫咪放松了，那么给它做护理也会很顺利。

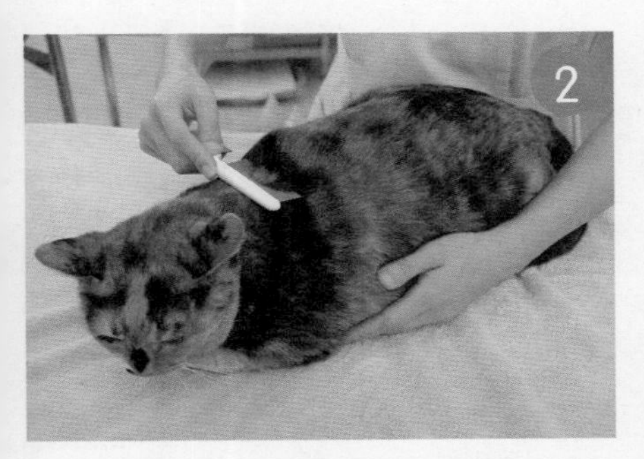

后背▶从脖子后面到背部，顺着猫咪的被毛为它梳理。如果是短毛种猫咪，掉毛不是很多，可以使用排梳。不要一鼓作气从上面梳到下面，而是要小范围地一点一点梳。

拿梳子的正确方法

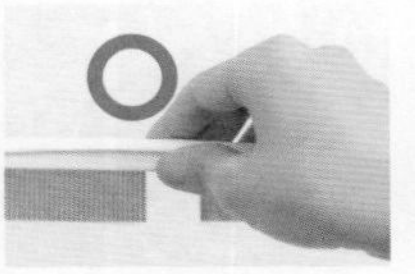

不要过于用力，要轻轻地拿着。

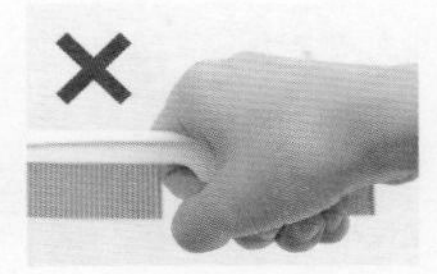

过于用力了，不能握着梳子的手柄。

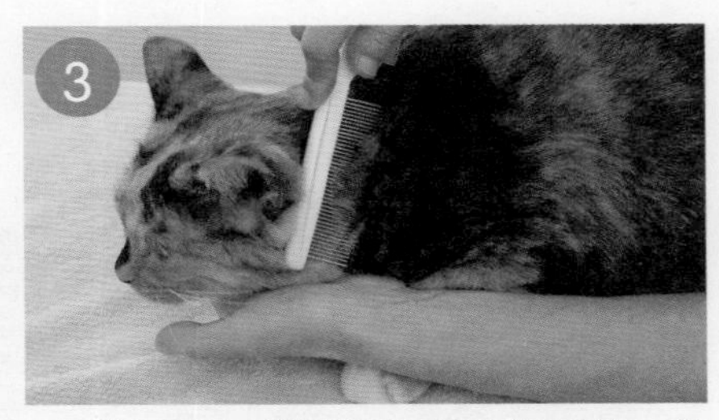

脖子后面▶猫咪脖子后面的被毛较厚，脱落的被毛也较多。可以用手托住猫咪的下巴，然后轻柔、认真地梳理脖子上的被毛。

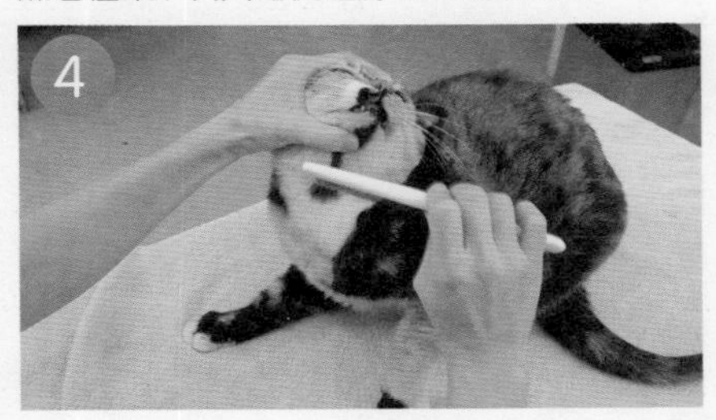

下巴到胸部▶这些地方是猫咪自己无法舔到的地方。可以把猫咪的下巴抬起，给它梳理从下巴到胸部的被毛。如果是短毛种猫咪，肚子上的被毛并不是很多，只要确认没有太多脱落的被毛，即使不梳理也是可以的。

长毛种猫咪的被毛梳理

长毛种猫咪的被毛容易打结，因此我们要养成每天给猫咪梳理被毛的习惯。特别是在换毛期，一天要给猫咪梳理多次。根据被毛的不同部位和不同厚度，可以分别使用针梳和排梳，这样效果会更好。

放松▶首先温柔地和猫咪说话，并且抚摸它的头部和身体，给它做按摩，让它放松。这时也可以使用防止产生静电的喷雾。

梳理工具

只要是适合猫咪的工具，都可以使用。如果梳齿不能深入被毛的最内侧，就没有效果，因此我们需要根据猫咪被毛的长度和密度来选择梳理工具。

针梳的使用方法

不要过于用力，要轻轻地拿着。

用力过大，不要握住手柄。

为了防止梳子的尖端刺伤猫咪的皮肤，需要让梳子的手柄与被毛平行，由远及近地进行梳理。

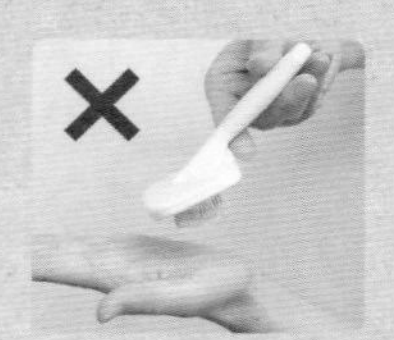

如果梳子与皮肤呈一定的倾斜角度，那么梳子的尖端就有可能刺伤猫咪的皮肤。因此，梳子的手柄一定要与被毛平行，而不能垂直于被毛。

针梳

适用于被毛较长的猫咪。由于它可能损伤皮肤，所以要按照图片上的说明，采用正确的使用方法和梳理方法。

排梳

缝隙较大的一侧可以用来梳理较为细密的被毛，缝隙较小的一侧可以用来驱除跳蚤等。可以选择一个既有缝隙较大的齿，也有缝隙较小的齿的梳子，这样使用起来比较方便。

硅胶梳

如果是梳齿比较细密的类型，猫咪细小的被毛容易陷进去，很难清理，所以如果是长毛种猫咪，最好选择梳齿比较稀疏的类型。

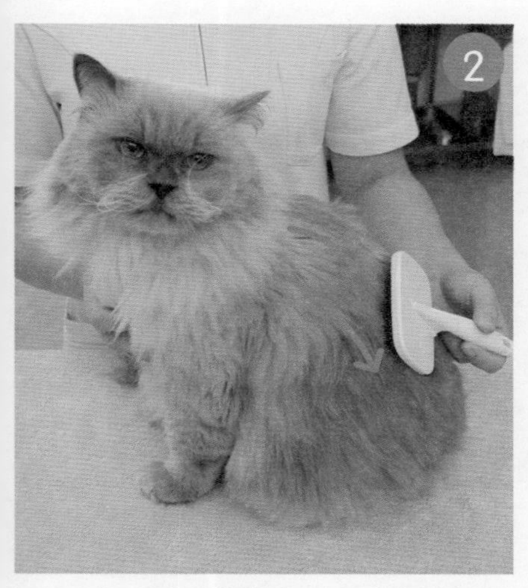

后背▶用梳子从脖子后方朝着背部给猫咪梳毛。为了能够彻底清除长毛里隐藏的脱落被毛，需要使用针梳。梳毛时不要从上到下一气呵成，而是要一点一点地逐步梳理。

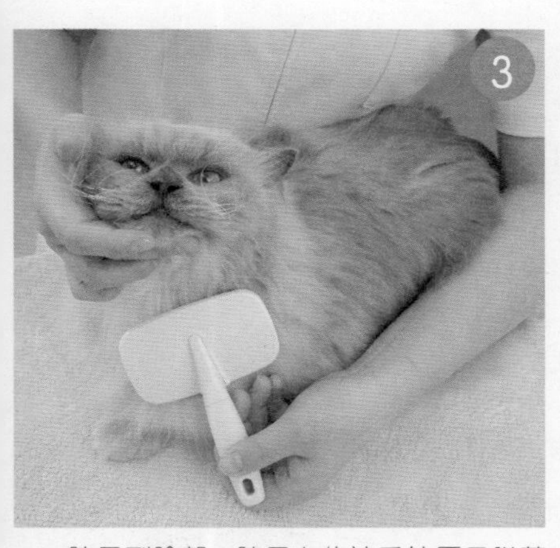

脖子到脸部▶脖子上的被毛较厚且脱落的被毛较多，可以把猫咪的下巴轻轻抬起，然后温柔地给它梳毛。猫咪脸颊上的被毛容易打结，也需要仔细地梳理。

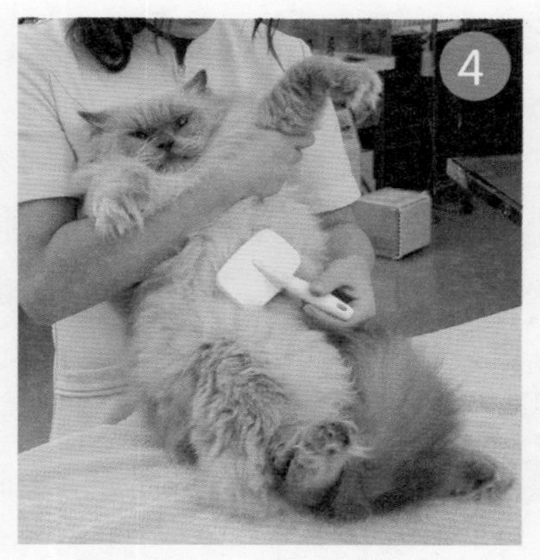

腋下到肚子▶站在猫咪的身后，把手放在猫咪的腋下，并把它向上提，从上到下给猫咪的肚子梳毛。另外，腋下也是猫咪很难舔到的地方，不要忘了梳理哦。很多猫咪不喜欢这个姿势，所以在梳毛时动作要尽量快。

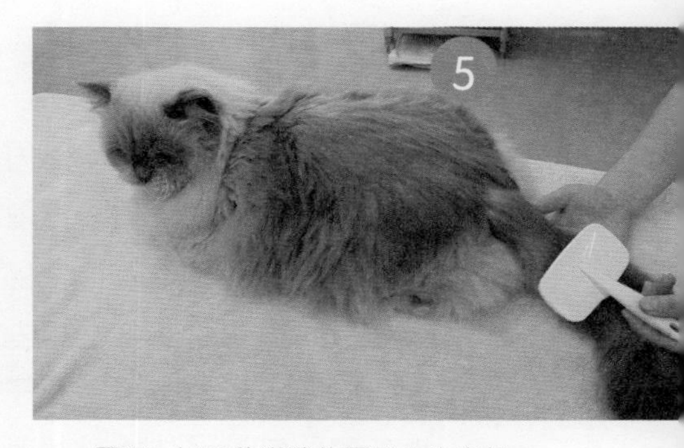

尾巴▶长毛种猫咪的尾巴上也有很多被毛，由于被毛的量很多且较长，所以尾巴上的被毛也容易打结。给尾巴梳毛的时候同样注意不要一气呵成，而是要一点一点地梳理，不要用力拉扯。

好好驱除跳蚤

跳蚤对猫咪和人类都有害，要彻底预防

跳蚤对猫咪来说可谓天敌。如果猫咪染上了跳蚤，不仅会感觉浑身瘙痒，而且会引起皮肤炎或其他感染性疾病。跳蚤还会吸食人类的血，如果人类被咬了也会感觉非常痒，而且容易留下疤痕，因此要预防跳蚤。

跳蚤活跃的季节是5—10月（初夏至初秋），喜欢生存在草丛中，因此在将猫咪带到室外时要格外注意。即使是在室内饲养的猫咪，如果它隔着窗户向外张望或跑到阳台上接触到花盆中的泥土，也有可能染上跳蚤。

发现跳蚤或跳蚤的粪便要立刻清除

跳蚤的繁殖能力非常强，哪怕只发现一只跳蚤也要马上采取驱除措施。如果发现猫咪像在挠痒痒的样子，就要怀疑猫咪有可能染上了跳蚤。

为了找到跳蚤，需要用手或梳子扒开猫咪发痒部位的被毛，如果发现有黑色粒状的小点散布在里面，那就是跳蚤的粪便，这就说明猫咪染上了跳蚤。这时候要进一步扩大搜索范围，如果在猫咪的被毛中发现有身长3毫米左右，而且运动速度较快的茶黑色虫子，这就是跳蚤了。但是即使在猫咪身上发现了跳蚤，也不能用手指甲直接掐灭它，这样很不卫生，而是要使用驱虫药或驱除跳蚤的猫颈圈，也可以给猫咪洗个澡。另外，把跳蚤从猫咪身上驱除时，跳蚤也有可能掉落在地毯或床上。因此，一旦发现猫咪身上有跳蚤，就需要清扫室内的每个角落。

驱除跳蚤的方法

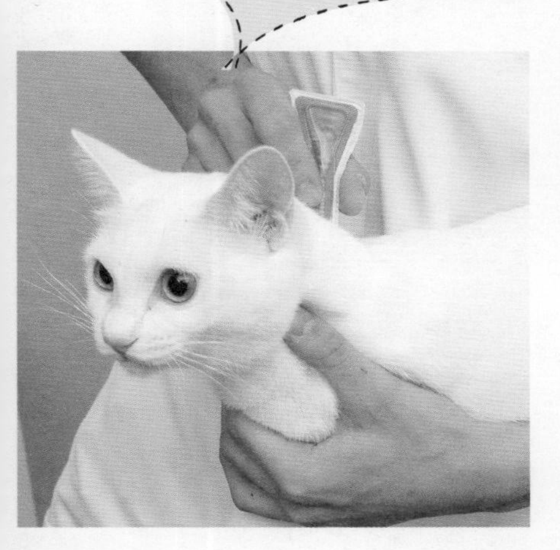

驱虫药

驱虫药使用起来很方便且效果很好，这是首先推荐的一种方法。只要将液体滴在猫咪的后背就可以驱除跳蚤了。市场上销售的杀虫剂和在医院购买的成分不同，一定要和医师商量，选择预防效果较好的那种。

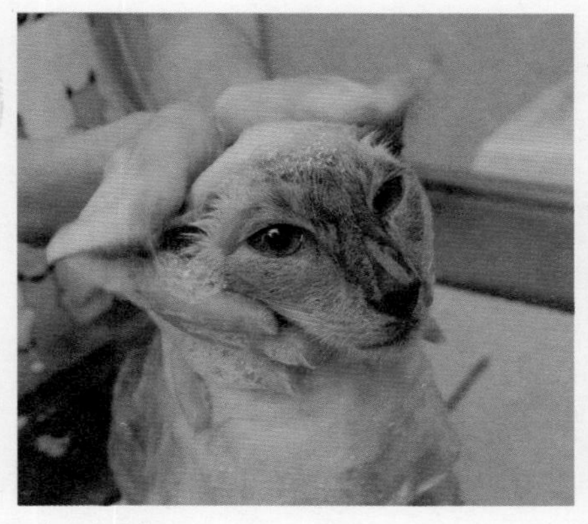

清洗被毛

通过给猫咪清洗被毛为猫咪全身做个大清理，也有驱除跳蚤的效果。市场上销售的“除蚤沐浴液”，不仅可以驱除成年跳蚤，也可以清除虫蛹、虫卵和跳蚤的粪便，还可以驱除螨虫。即使猫咪的皮肤没有问题也可以使用这种沐浴液。但是在使用时要注意，不要弄进猫咪的眼睛、耳朵和嘴巴里。

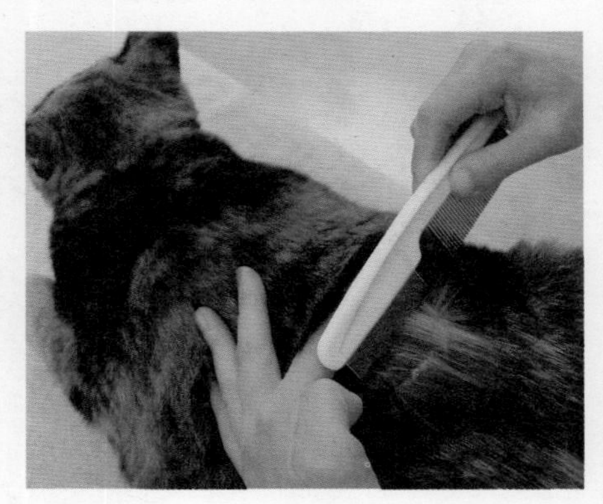

排梳

用手指将外侧被毛撩起来可以看见内侧的细绒毛，用梳齿较细密的排梳一点一点寻找跳蚤。但是仅使用排梳梳理并不能完全驱除跳蚤，所以也要同时使用驱虫药。

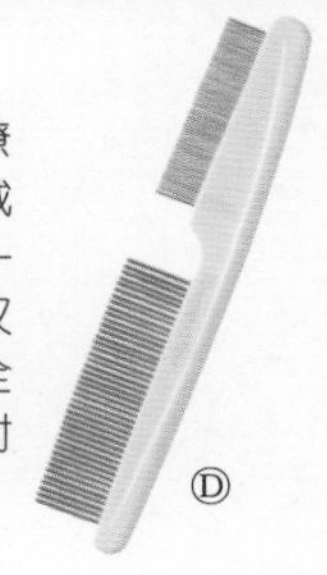
Ⓓ

沐浴液

猫咪本身就喜欢干净，对于室内饲养的短毛种猫咪，没有必要对它进行特别的清洗。但是对于长毛种猫咪，仅通过梳理被毛很难将污垢清理干净。如果你对猫咪身上的污垢和气味比较在意，那么最好给它清洗被毛，这样比较卫生。但是猫咪一般很讨厌水，很多猫咪都不喜欢洗澡。在这种情况下，即使是长毛种猫咪也不要勉强给它洗澡。可以用热毛巾为它擦拭或干洗，然后仔细地为它梳理被毛。

洗澡

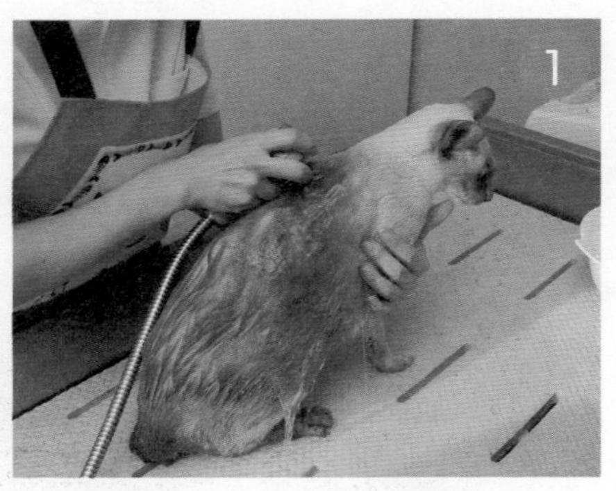

使用30℃～35℃的温水把猫咪的身体淋湿，洗澡的顺序是从下往上。为了不让水花四溅，可以将水流调得小一些，并且将淋浴头尽可能地贴近猫咪的身体。在洗的过程中不要忘了清洗肛门腺。

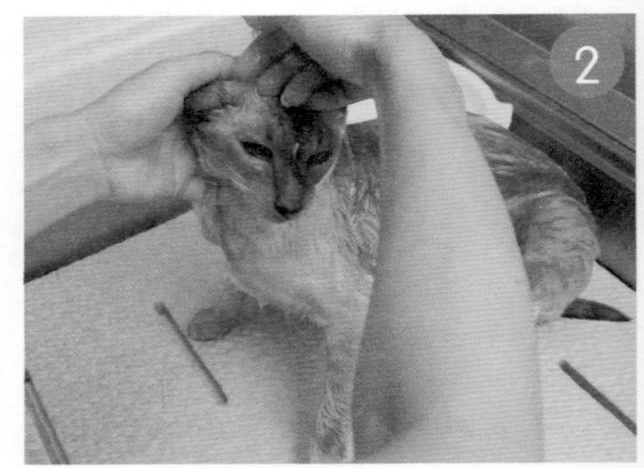

最后洗猫咪的头部（耳朵、后脑勺和脸部）。为了不让水进到猫咪的耳朵里，可以分别用手指按住它的一侧耳朵。有的猫咪不喜欢让淋浴头贴近脸部，这时候可以用手稍微接一点温水来清洗猫咪的脸部。

如果将沐浴液直接倒在猫咪身上，那可能刺激猫咪的皮肤，同时也不容易清洗，因此建议先在水盆里将沐浴液溶解，用稀释后的液体给猫咪洗澡。

用什么沐浴液比较好

最好使用猫咪专用的沐浴液。有的猫咪皮肤比较脆弱，有时候使用过一次沐浴液皮肤就会发痒发红，这时候要选用适合猫咪皮肤的低刺激性产品。没有必要使用护毛素，也没有必要对猫咪进行美毛处理。如果一定要给猫咪使用护毛素，可以使用添加了护毛素的沐浴液，并且快速完成清洗。

下半身到后背▶给猫咪洗澡时要从下往上。首先按照“后腿一尾巴一下半身”的顺序给猫咪涂上沐浴液，用手指逆着被毛揉搓，再按照从下往上、从下半身到后背再到肚子的顺序，用指腹给它按摩和清洗。

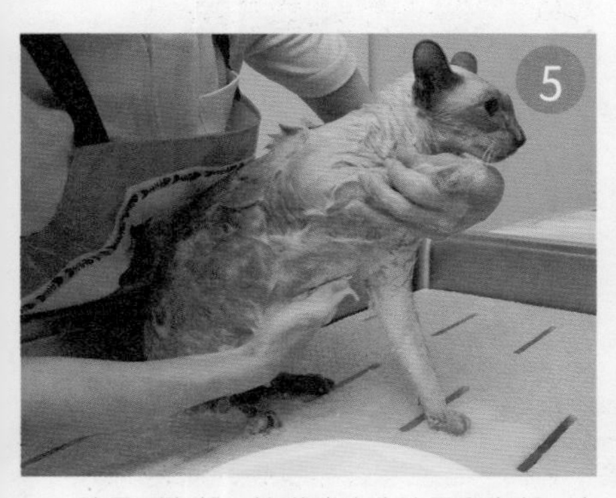

肚子到胸部▶给猫咪清洗肚子和胸部，这部分的被毛较薄，注意指甲不要伤到猫咪。

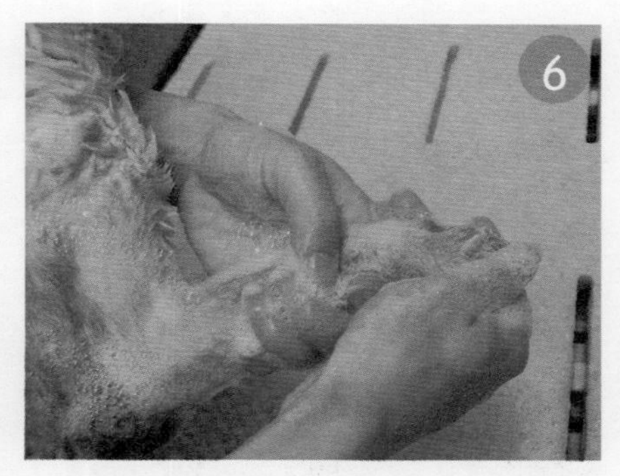

前后脚▶肉球和爪子的根部也要仔细清洗。

脸部▶清洗脸部周围和下巴的时候，可以用双手夹住它的脸部，轻轻地按压清洗。由于下巴和嘴巴周围的污垢较多，因此要特别仔细地清洗。

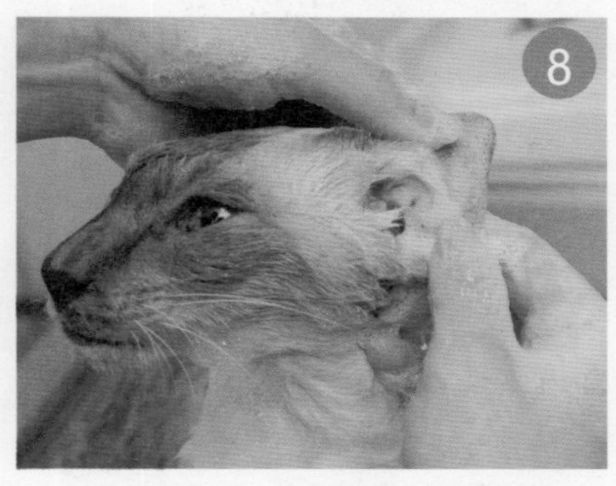

脖子到头部▶身体清洗完之后，清洗头部。由于耳朵内侧很容易脏，可以用手指轻柔地清洗耳郭，注意不要让水进到猫咪的耳朵里面。

流水冲洗

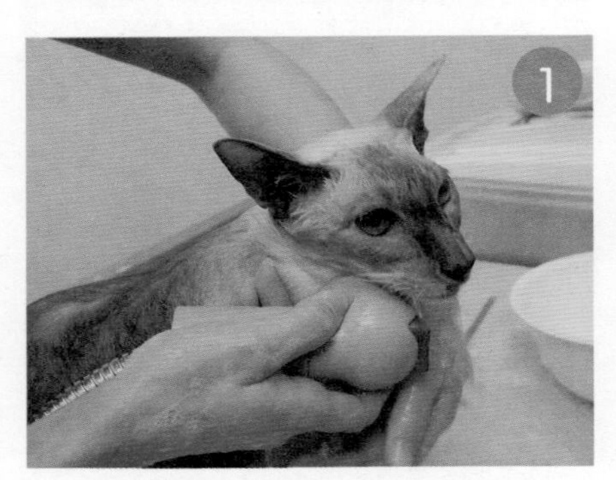

头部到脸部▶用流水冲洗的时候，与刚才的顺序相反，为了将污垢彻底冲干净，要采用从上往下、从头部到下半身的顺序。清洗脸部的时候，特别要将水流调得小一些，将淋浴头贴在猫咪身上清洗。清洗的时候，要按住猫咪的耳朵。

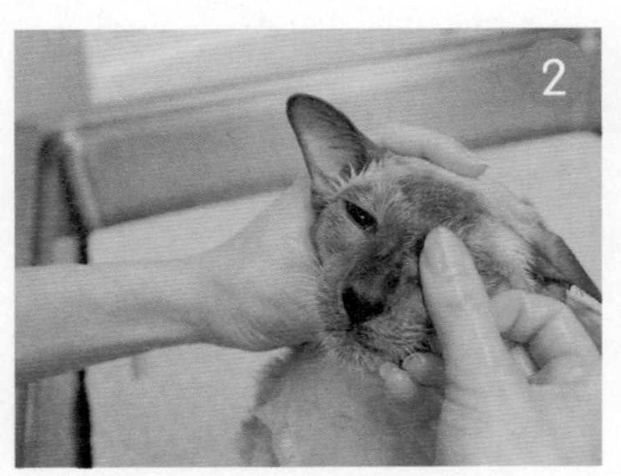

脸部▶如果猫咪讨厌淋浴，可以用手接温水给猫咪清洗。

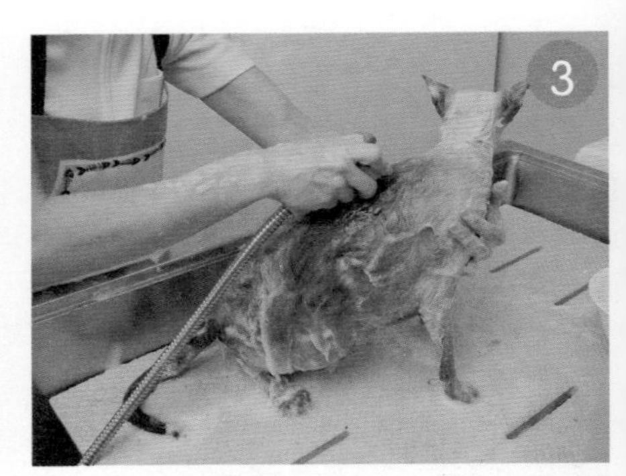

上半身▶给猫咪清洗上半身，包括前腿。对于被毛较厚的地方，要用手将被毛分开，使水流能够冲洗到内侧被毛。

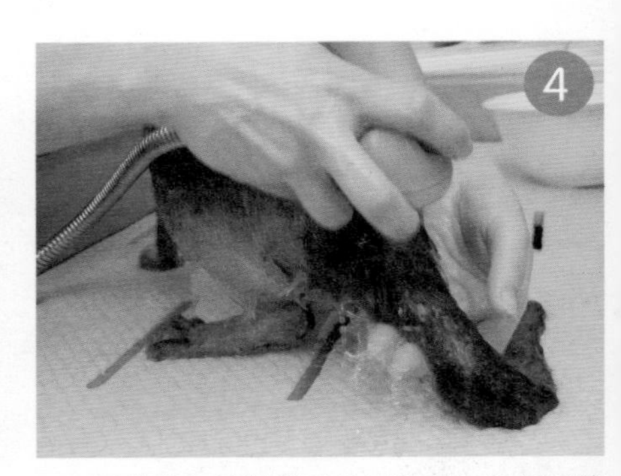

下半身▶给猫咪清洗下半身，包括后腿和尾巴，大腿内侧等隐蔽的部位也要用流水冲洗，注意不要残留沐浴液。

清洗被毛的时候不要忘了清洗肛门腺

猫咪的尾巴处有一个叫作肛门腺的器官。如果从这里产生的分泌物堆积在肛门囊处，就会引起瘙痒和炎症。在用流水为猫咪冲洗身体之前，可以稍微挤压一下这里。如果把肛门看成一个时钟，可以捏住 4 点和 8 点的位置，向外挤一下。如果有腐臭的茶色分泌物流出来，就要马上用流水冲洗。

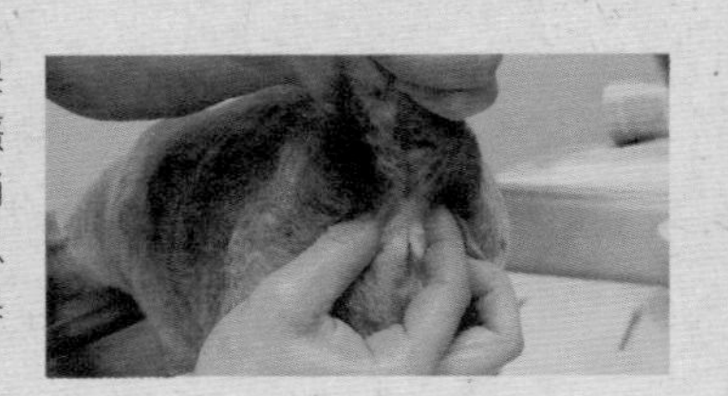

吹干被毛

虽然猫咪有很多种类，但是猫咪的被毛大体上都是双层被毛，内侧被毛不容易吹干。给猫咪清洗被毛之后，首先让猫咪自己晃动身体甩掉被毛上的水，然后用毛巾给它擦干，一定要充分擦干。也有些猫咪惧怕吹风机，因此要注意。

等猫咪自己甩掉被毛上的水之后，可以用毛巾把猫咪全身包裹起来，轻轻地拍打猫咪的身体，吸收水分。注意不要过度摩擦猫咪的身体。

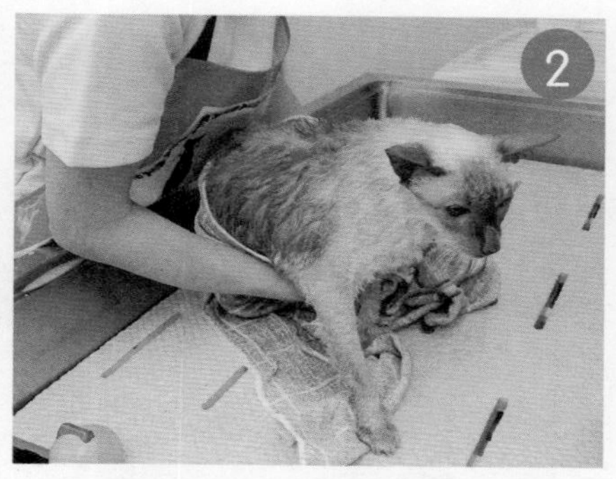

用毛巾给猫咪擦干时要从上往下擦，从头部开始，把毛巾裹在手上进行擦拭，不要忘记耳朵的入口附近，然后逐渐擦到下半身。

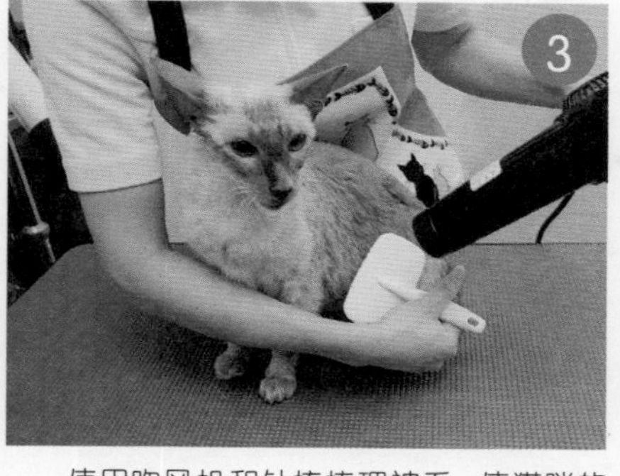

使用吹风机和针梳梳理被毛，使猫咪的被毛更美观。吹风机的温度要设置得低一点，风速要柔和，气温较高的季节也可以使用冷风，注意风力不要过强。

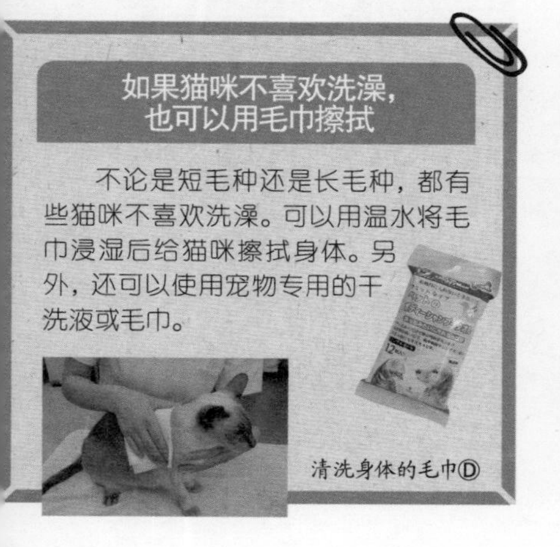

如果猫咪不喜欢洗澡，也可以用毛巾擦拭

不论是短毛种还是长毛种，都有些猫咪不喜欢洗澡。可以用温水将毛巾浸湿后给猫咪擦拭身体。另外，还可以使用宠物专用的干洗液或毛巾。

清洗身体的毛巾Ⓓ

剪指甲

为了使猫咪尖锐的爪子不会损坏家具、墙壁等物体，也为了使猫咪在和人们玩耍时不至于伤害到人，要帮猫咪剪指甲。另外，如果猫咪的指甲过长，在玩耍或走路的时候，也有可能因钩住地毯或窗帘而产生危险。为不同的猫咪修剪指甲的周期也是不同的，因此要定期确认指甲长度，如果太长了就要帮它剪短。

注意不要剪到猫咪的血管

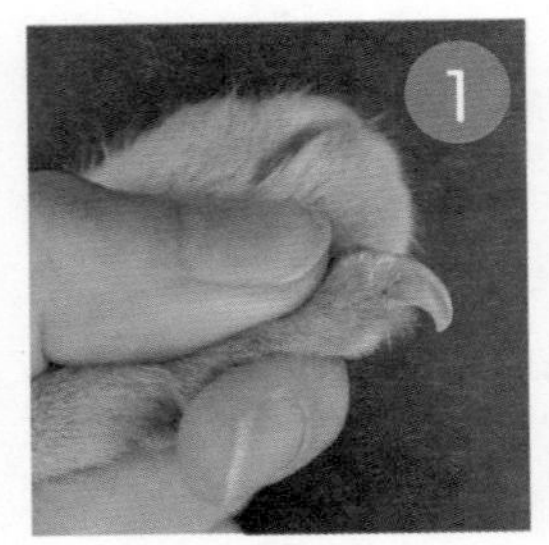

为了使猫咪保持安静，可以将猫咪夹在两腿之间，或者把猫咪抱起来压住，用大拇指和食指捏住猫咪的脚，轻轻地按压，使猫咪的指甲充分暴露出来。

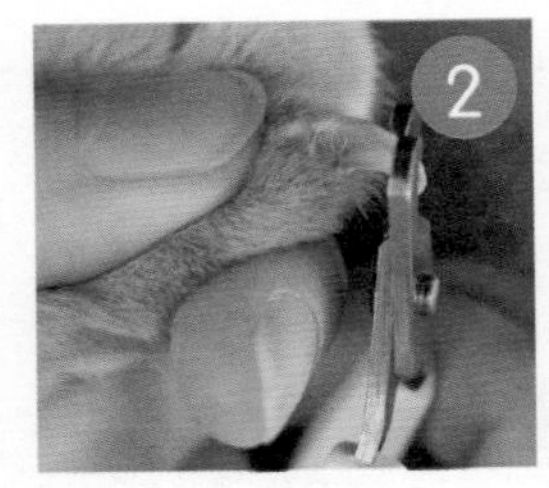

在猫咪指甲的根部附近，有粉红色的部分，里面有很多神经和血管，注意不要剪到，只需要将指甲尖端的白色部分剪掉就可以了。

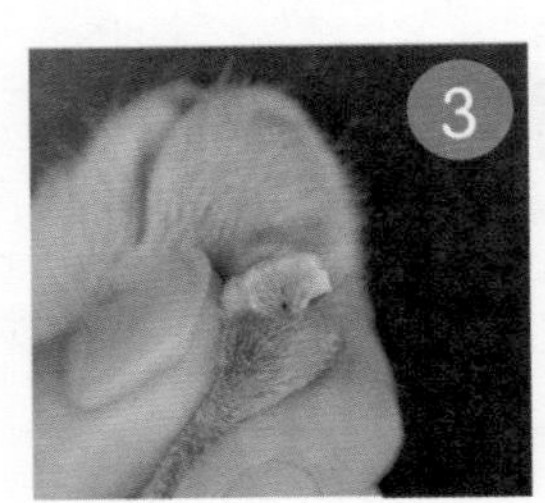

剪到这个程度就可以了。

剪指甲的工具

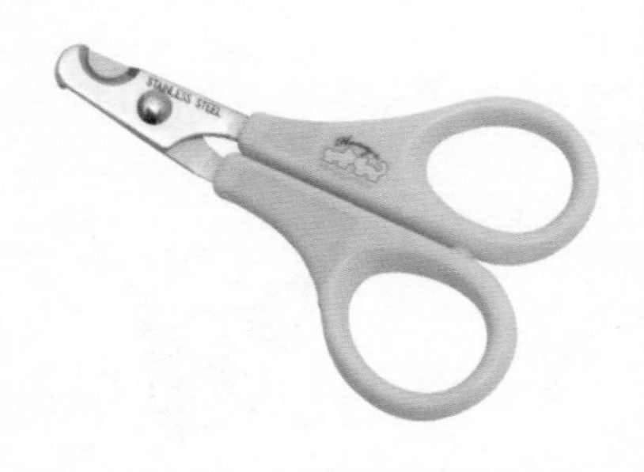

剪指甲用的指甲刀

这是宠物专用的指甲刀，不会破坏猫咪的指甲或使指甲产生裂缝。如果用人类的指甲刀，可能剪得较深，比较危险，因此请不要使用。Ⓓ

不要忘了剪掉“狼爪”

所谓“狼爪”，指的是猫咪脚部内侧偏上部位的指甲。如果“狼爪”长得过长会使猫咪因钩住地毯而受伤。因此，在给猫咪剪指甲的时候，不要忘了剪掉这个部位的指甲。这个指甲的修剪方法和其他指甲的修剪方法相同。

刷牙

为了预防猫咪患口腔类的疾病，要让猫咪养成刷牙的习惯，可以使用牙刷、刷牙布或浸湿的纱布，充分地清洗猫咪口腔内的污垢。如果猫咪不愿意张嘴或不愿意被触碰到口腔内及嘴巴周围，也可以给猫咪准备一个具有刷牙效果的玩具。为了使猫咪尽快习惯刷牙，要从幼猫时期就开始让猫咪习惯张嘴。

刷牙的工具

牙刷

柔软的超细毛环绕牙刷末端，360 度易刷设计，能彻底清除牙缝、臼齿上的污垢。

Sig One 猫用牙刷 Ⓥ

液体牙膏

朝猫咪口腔内喷射 2～3 次液体牙膏，或者用液体牙膏浸湿纱布擦拭猫咪的牙齿。如果猫咪讨厌刷牙，可以将液体牙膏滴入饮用水中。

Sig One 液体牙膏 Ⓥ

刷牙的时候

让猫咪的脸部朝上，用手指翻开猫咪的嘴唇，让它露出牙齿，按照从前到后的顺序迅速刷牙。牙刷也可以用婴儿用的小牙刷。

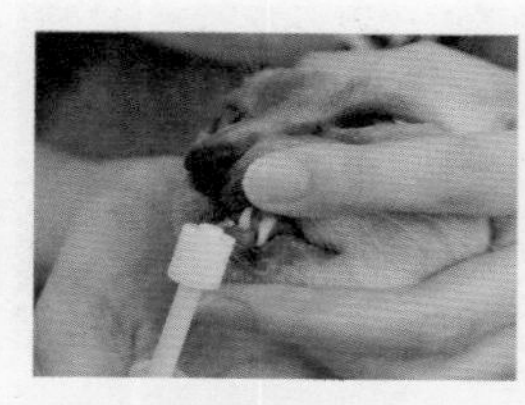

犬齿

刷牙时要注意凸出来的犬齿。

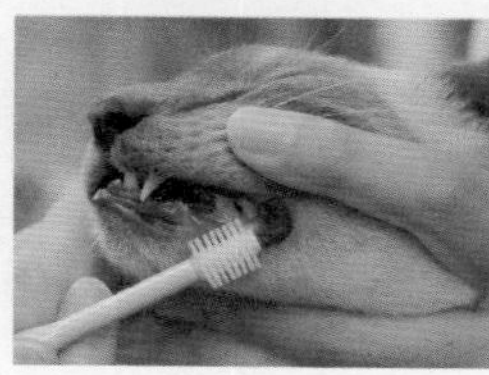

臼齿

如果猫咪怎么都不肯张嘴，可以翻开猫咪的嘴唇，这样就能看见臼齿了。

用刷牙布刷牙

如果猫咪不喜欢牙刷，还可以使用刷牙布或浸湿的纱布，也可以将毛巾裹在手指上给猫咪刷牙。

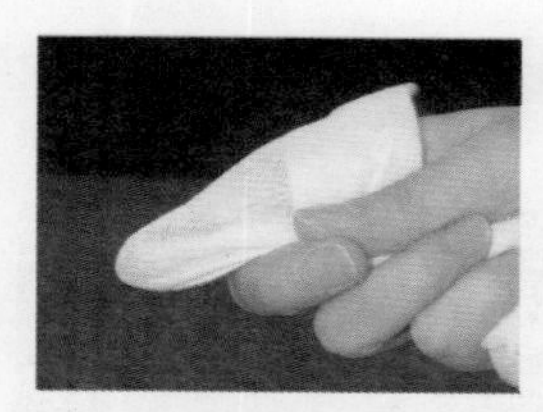

1 将刷牙布（纱布）紧紧地裹在手指上。

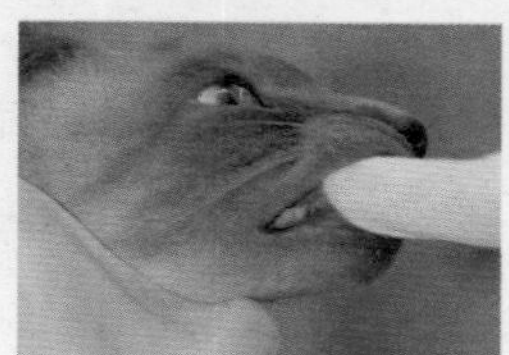

2 给猫咪清理每颗牙齿。

关于牙齿的疾病请参考第 158 页。

眼睛周围要擦干净

如果不清理猫咪的眼泪或分泌物，它们就会在猫咪的眼部凝结而很难除去，猫咪眼睛周围的毛发也会变色，我们将这种现象称为“泪痕”。与人类相同，猫咪平时也会有少量的分泌物，但如果有大量黄色的分泌物，就要带它去医院了。平时要仔细观察猫咪的眼部状况并进行护理。

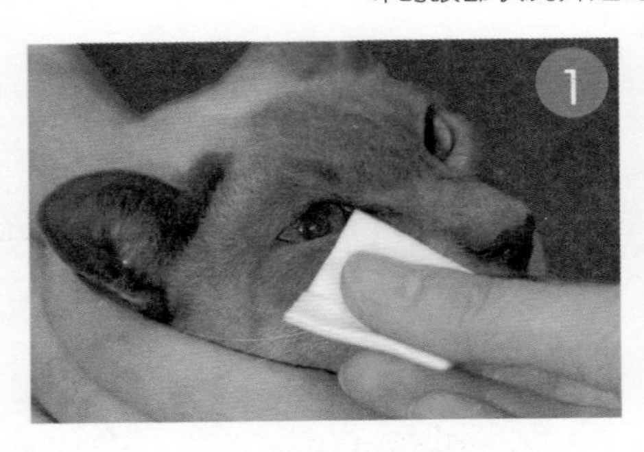

将棉布用温水浸湿，稍微拧干一些，然后从后方将猫咪的头部固定住，再从内眼角到外眼角温柔地擦拭。由于纱布的纹理较粗，因此不适合用来清理眼部。

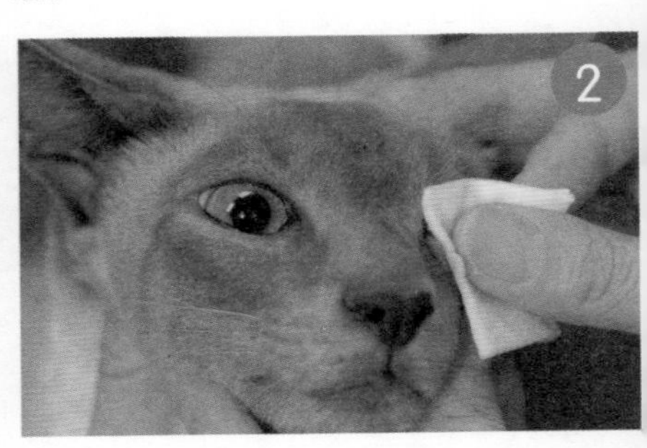

如果棉布水分充足，凝结的污垢就会被清理掉。

关于眼睛的疾病请参考第158页。

清理猫咪的耳朵

猫咪的耳朵是健康的晴雨表。如果猫咪有耳垢，很容易引发外耳炎，因此定期清理是不可缺少的。要注意确认耳朵内侧是否发黑、有没有污垢，大约两个星期检查一次就可以了。

如果猫咪的耳朵非常脏或耳朵里有气味、发痒、受伤化脓等，要及时带猫咪去医院。

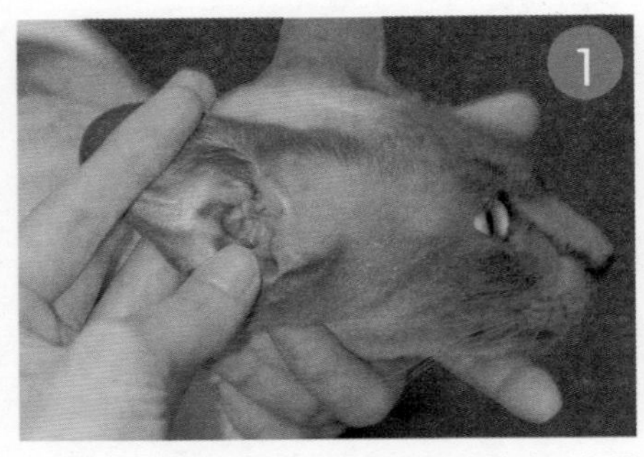

翻开猫咪的耳朵，检查耳朵的状态。如果有黑色的污垢，可以用温水或清水（优选专用洗耳液）轻轻地清洗，最好使用水分充足的棉球进行清理。

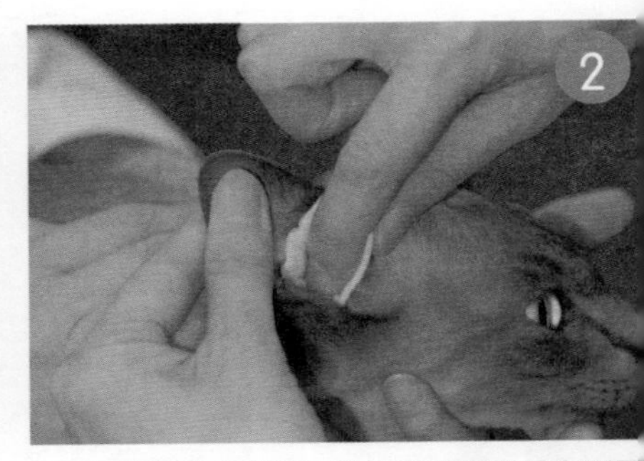

清理耳朵的时候，注意不要把棉球塞到耳朵深处。由于纱布的纹理较粗，所以要使用棉球清理。如果使用棉签，很容易不小心捅到耳朵深处，使猫咪的耳朵受伤，因此请不要使用。

关于耳朵的疾病请参考第159页。

第6章

与猫咪健康息息相关的饮食

关于猫咪的饮食，你需要了解的常识

人类的食物中有一些对猫咪有害

人类与猫咪的必需营养素不同，消化功能也不同，有些人类的食物猫咪吃了会营养不良或中毒，因此不要随便给猫咪吃人类的食物。

如果给猫咪吃了一点点，有可能使猫咪喜欢上那种味道，这样它也许就不喜欢吃猫粮了，因此一定要给它提供优质的猫粮，这是基本准则哦。

吃了以后会引起腹泻的食物

吃了以后会引起腹泻的食物

- □虾、螃蟹、乌贼、章鱼、贝壳类
- □人类喝的牛奶
- □蘑菇类
- □魔芋
- □牛油果
- □生鱼、生肉
- □天妇罗油等

⇓

生肉里面会带有细菌和寄生虫，有些猫咪喜欢舔上面的油。上述食物会引起猫咪消化不良，请不要给猫咪吃。

关于猫咪的饮食基础请参考前面章节的内容。

吃了以后会引发中毒的食物

吃了以后会引发中毒的食物

□**葱类**
（洋葱、大葱、韭菜等）

→由于里面含有破坏红细胞的成分，会引起贫血或尿血。另外，汉堡等食物里含有洋葱的加工品和汤汁，也要避免给猫咪吃。

□**巧克力等可可类**

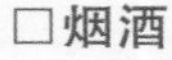

→会引起腹泻、呕吐，从而引发异常兴奋、痉挛等症状。咖啡等含有咖啡因的食物也要避免。

□**有毒的植物**
（杜鹃花、铃兰、乌头、柊叶、茉莉花、百合、圆叶风铃草、牵牛花、紫藤、秋水仙等）

→不要在室内摆放会引发猫咪中毒的植物。

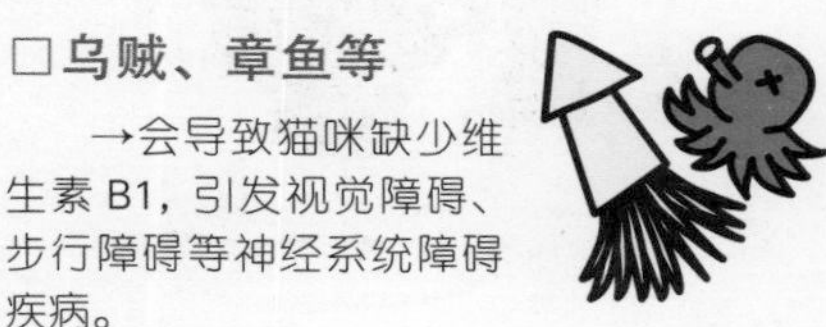

□**乌贼、章鱼等**

→会导致猫咪缺少维生素 B1，引发视觉障碍、步行障碍等神经系统障碍疾病。

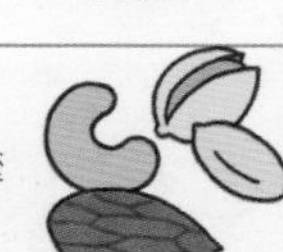

□**坚果类（杏仁等）**

→氰化物会引发痉挛等症状。

□**烟酒**

→会引发尼古丁中毒、酒精中毒。

□**人类的药品&化妆品**
（化妆水）

→吃进去的剂量、药品和化妆品的成分决定中毒的程度，严重时可致死。

□**葡萄干&葡萄**

→吃了葡萄皮可能引发肾功能障碍。

吃了以后对身体有副作用的食物

□**人类用的调味料（白砂糖、盐等）**

□**糖分较多的食物（蛋糕、甜点心等）**

□**盐分较多的食物（火腿、香肠、咸点心等）**

□**油脂较多的食物（咸猪肉、火腿等）**

□**牛肉、牛肝**

⟹ 火腿的盐分浓度是猫粮（综合营养食）的很多倍，因此持续喂食火腿会增加猫咪的身体负担。喂食糖分和油脂较多的食物会导致猫咪肥胖。

猫咪的食物Q&A

Q1 喝矿泉水会引发尿道结石吗?

A 避免喝硬水就好。

尿道结石的形成与镁和钙的摄取量有关。矿泉水的种类很多，其中硬水中含有较多的镁和钙。要避免给公猫每天喝硬水。日本的矿泉水中软水居多，镁和钙的含量都不高。如果要给猫咪喝矿泉水可以选择日本产的软水，当然喝自来水也完全没问题。

Q2 可以给猫咪吃点心吗?

A 原则上是不需要的，偶尔奖励时可以给一个。

猫咪本来就是不需要吃点心的，但是市场上有各种各样的加工品，作为猫咪专用的点心在出售。偶尔给猫咪吃一点也是可以的，但是一定要选择猫咪专用的点心，并且不要喂得过多，以免引起肥胖。

想要与猫咪加深感情，或者做了猫咪不喜欢的事情，如打针、剪指甲等，可以抓住这样一些特别的时机给猫咪一些点心吃。

猫咪需要漏食球这样的玩具吗

为了让狗狗开心、缓解它的压力，可以将食物藏起来让狗狗找一下才能吃到，也可以把食物放进漏食球中，让它费点力气才能吃到。如果猫咪吃得太多或运动量不足，可以尝试使用这种方法。一般来说，猫这种动物不会吃多，会按照自己的节奏休息，不会觉得无聊，所以不用刻意给它使用漏食球。

推滚漏食球，食物就会从孔里漏出来。猫咪能一边用脑玩耍一边享用食物。可以调节孔的数量、大小和食物漏出的难易程度。

Egg Cersizer Ⓡⓖ

Q3 给猫咪吃自制的食物也可以吗？

A 亲手做的食物营养均衡。

猫咪原本就是肉食动物，如果人类的食物符合胃口，它也会吃。曾经就有人将白米饭加上鲣鱼干制成“猫饭”喂给猫咪吃。但是这样的食物对猫咪来说，盐分、糖分和油脂都有些过量，从营养的角度来说是存在问题的。

另外，也有一些人想要给猫咪提供美味安全的食物，于是自己亲手制作。但是由于缺少专业的营养知识，想要让自制的食物达到营养均衡是一件很困难的事情。

如果猫咪生病了，就必须给它提供具有治疗效果的食物，因此最好从一开始就让猫咪习惯吃猫粮，这一点很重要。

Q4 吃猫粮会比吃自制的食物更长寿吗？

A 要看自制食物的营养含量。

这要看自制的食物是不是比猫粮更有营养。如果能满足猫咪所必需的营养，自制的食物是没问题的，但如果只喂老式的米饭泡汤或只喂鱼，会让猫咪因营养不良而引发维生素缺乏症等疾病。干猫粮也好，市场上标明了“综合营养食”的猫粮也好，都已达到了宠物食品公平交易协会的标准，能让猫咪充分摄取必要的营养。

Q5 可以舔舐含有木天蓼成分的玩具吗？会中毒吗？

A 可以偶尔让猫咪玩一下。

猫咪会对木天蓼的气味有反应，是因为藤本植物木天蓼含有猕猴桃碱等成分，能麻醉猫咪的中枢系统，让它处于兴奋状态。产生反应的公猫比母猫多。

市场上含有木天蓼成分的玩具，其含量都比较低，能让猫咪处于放松状态，不会让猫咪处于兴奋状态，也不会出现像烟酒一样的依赖症、中毒症，更不会留下后遗症或引发疾病，因此偶尔让它玩一下是没问题的。但如果一直玩下去，猫咪会处于微醺状态，因此让它偶尔玩一下就好。

不同用途的食物的选择方法

以营养均衡的综合营养食为主食

市场上的猫粮有很多种，根据不同的用途，大致可以将其分为三大类：综合营养食、非主食食物和零食。

将营养均衡、可以作为主食的综合营养食，按照规定的量和水混合在一起喂给猫咪，可以满足猫咪健康成长所必需的营养。根据不同的猫龄，综合营养食的种类也不同，要根据猫咪的年龄替换综合营养食。

出生半年内猫咪会快速成长，一年内都是快速成长的时期，要给它提供营养价值较高的食物。

幼猫适用	成猫适用	老猫适用	稍高龄老猫适用	超高龄老猫适用
出生12个月内的幼猫专用	1～6岁的成猫专用	7岁以上的老猫专用	11岁以上的老猫专用	14岁以上的老猫专用

◀还有湿的综合营养食。

第124页和第125页所列均为日本Hill's-Colgate出品的猫咪食品。

非主食食物

作为副食（非主食食物）给予猫咪的食物，基本限于营养管理和饮食疗法的需要。这些副食大多都会被标记为“一般食物”，相当于我们人类吃的“菜”。如果人类只吃菜不吃其他东西，就会导致营养不均衡；同样，如果猫咪只吃“一般食物”，也会营养不良。“一般食物”说到底只是副食，只能作为综合营养食的补充。

另外，为了给猫咪调节特定的营养成分，或者补充能量，可以在医师的指导下给猫咪吃一些“营养补充食物”。为了调理生病猫咪的饮食，也可以在医师的指导下给猫咪吃“特别疗法食物”。

下泌尿系统疾病的食疗食物

消化系统疾病的食疗食物

肾脏系统疾病的食疗食物

在猫粮的包装袋上可以确认的项目

- □用途（“成猫专用的综合营养食”等）
- □内容量
- □喂食方法（喂食量的标准）
- □有效期限
- □成分显示
- □原材料
- □原产国等

総合栄養食【キャットフード】
この商品は、ペットフード公正取引協議会の承認する給与試験の結果、成猫用の総合栄養食であることが証明されています。
AAFCO（米国飼料検査官協会）の成猫用給与基準をクリア

猫粮的检查机构主要有美国的“美国饲料管理员协会”（AAFCO）、日本的“宠物食物公正交易协会”。符合其营养标准的食物都会在包装袋上进行标记。

*文中是根据宠物食物公正交易协会进行的分类。

偶尔奖励时可以给些零食（点心、小吃）

综合营养食以外的零食分奶酪类、蒸烤鱼类、干鱼贝类、半生类、曲奇类等。给猫咪喂太多零食容易引发肥胖，因此仅在奖励猫咪时或在特殊情况下喂零食。

如果喂了零食，正餐就要减量。另外，投喂零食的量应控制为一天饭量的 10% ～ 20%。

Ⓜ
奶酪类

Ⓜ
曲奇类

Ⓘ
蒸烤鱼类

从出生后 3 周左右开始喂柔软的断奶食

从出生后 3 周左右开始，除喂母猫的母乳和猫咪专用奶外，还要喂断奶食，并让猫咪渐渐习惯吃断奶食。断奶食要非常柔软，一般是在幼猫的食物里加入温水，调节食物的硬度。从柔软的食物开始，慢慢减少水分，使其逐渐接近固体。在猫咪断奶的第 6 周左右，可以把食物换成固体食物。

断奶食的制作方法

比例见右图

干猫粮（弄细碎）

湿猫粮

:

从干到湿，根据水分含量的不同可分为 3 种类型

根据猫粮的水分含量不同，可以将其分为干猫粮、半湿猫粮、湿猫粮 3 种类型。

干猫粮大多营养均衡，易于保存，在卫生方面也较为理想，大多数综合营养食都是这个类型。半湿猫粮和湿猫粮的水分比干猫粮多，更能满足猫咪的口味，口感较好，但毕竟不是综合营养食，因此不能作为猫咪的主食。

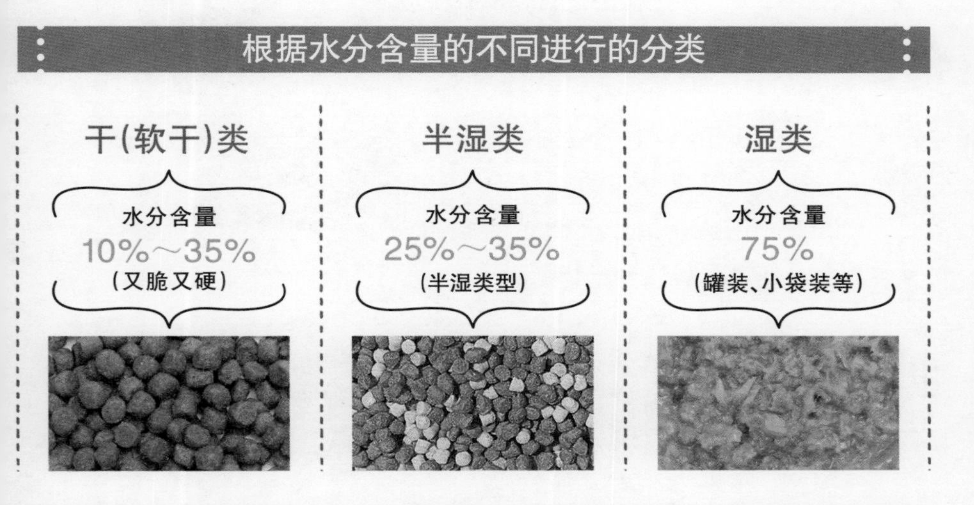

Q 如果猫咪只吃湿猫粮，一定要喂干猫粮吗？

A 如果猫咪不喜欢，可以不喂干猫粮。

猫咪喜好不同，有些只吃干猫粮或湿猫粮。只要是标有“综合营养食”的猫粮，无论干湿，其营养价值都一样。如果猫咪只吃湿猫粮，不用特意换成干猫粮。只是，如果在幼猫时期将猫咪培养成两种猫粮都能吃，那么在遇到紧急情况、托别人照顾和避难的时候会比较方便。

关于喂食次数、食物量的准则

喂食次数要随着猫咪的成长而减少

小猫的消化器官还不是很发达，如果一次喂食过多它可能吃不下，因此可以把一天的食物量分多次喂给它。如果猫咪长时间没有进食，有可能导致低血糖，因此一定要注意。

刚刚迎接到家里的猫咪，如果是出生后2个月左右的幼猫，可以一天进食3～5次。直到4～5个月猫咪的体格都比较小，可以保持每天3～5次的进食，6个月左右开始逐渐减少次数（参考下表）。

到了10～11个月，可以将高热量的幼猫专用的猫粮替换成成猫专用的猫粮，次数是一天两次，分别在早上和晚上喂食。

猫咪的月龄与喂食次数的大致标准

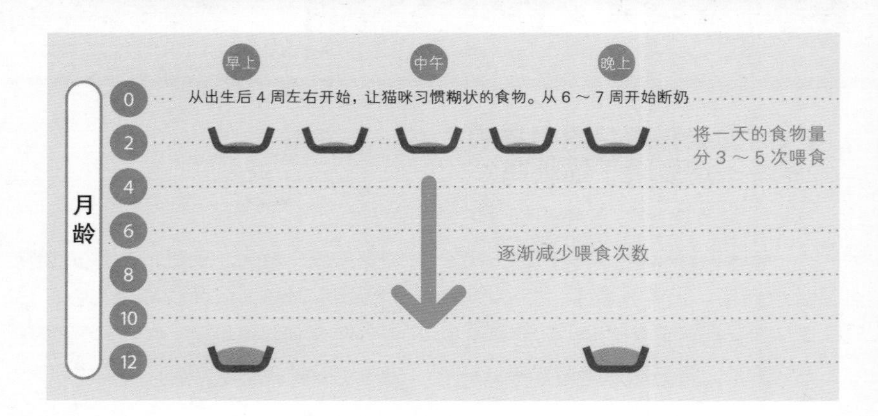

食物量可以根据年龄和体重计算出来

一天的食物量是由猫咪的年龄（月龄）和体重决定的，要以猫粮包装袋上标记的规定量为标准。

但是，尽管按照规定的食物量来喂食，如果猫咪马上就吃完了，而且在舔盘子，那就说明食物量不足。处于成长高峰期的猫咪代谢能力强，有必要让它吃得足够饱。在这种情况下，可以在下次喂食的时候增加1/10的量，并且观察猫咪的情况。如果喂得过多，也会使猫咪因消化不良而引起腹泻，因此每次喂食的时候都要注意增减食物量。

从出生到3个月左右，猫咪的体重增长得非常快，4～5个月之后，体重就开始趋于稳定了，因此食物量也要相应减少一些。到了10～11个月，体格基本上定型了，如果这时候猫咪的体重增加，就会导致肥胖。因此，要注意调控食物量，不要让你的爱猫变成肥猫哦。

食物量的参考标准

（平均每天喂食的克数，单位：g）

幼猫 ＊合理控制体重 给幼猫喂食的情况

	体重	0.5kg	1kg	1.5kg	2kg	3kg	4kg	5kg	6kg	7kg
食物量	0～3个月	30	50	65	85	110	140	165	—	—
	4～6个月	25	40	55	70	95	115	135	155	175
	7～12个月	—	35	45	55	75	95	110	125	140

成猫 ＊科学减肥 给成猫喂食的情况

	体重	2kg	3kg	4kg	5kg	6kg	7kg
食物量	1～6岁	35	45	60	70	80	90

专 栏

防止猫咪变肥胖

肥胖指的是比理想体重多 15% 以上的状态。给猫咪过多的食物、运动量不足、绝育、猫咪年龄的增加都会导致肥胖。

如果猫咪出现了肥胖的情况，就很有可能导致各种各样的疾病，如糖尿病、心脏病、癌症、关节的疾病等。因此，要时常检查猫咪是否肥胖，一旦发现肥胖就要尽早帮助猫咪减肥，让猫咪努力恢复健康的体格。

检查猫咪是否肥胖

以下项目如果有一半以上符合，那么猫咪就很有可能比较肥胖。如果比较担心，请带猫咪去宠物医院进行咨询。

- □比1岁时的体重要重
- □经常吃人类的食物
- □不知道猫咪正确的体重
- □不确定每天的食物量
- □不喜欢走路
- □做了绝育手术
- □经常听到有人说猫咪胖乎乎的真可爱啊
- □开始不能上下楼梯
- □肚子没有凹陷，腰部没有曲线

减肥的要点

为了维护爱猫的健康，需要在咨询医师的基础上施行以下几点，切实保障减少食物量，使其维持正常的体重。

1. **严守固定的食物量**

   食物量不要以现在（肥胖状态）的体重为基准，而是要以原来（正常状态）的体重为基准。

2. **给猫咪喂高纤维、低热量的食物**
3. **尽量不要给猫咪吃零食**

   如果要给猫咪吃零食，一定要减量。

4. **调整环境使猫咪可以进行适当的运动**
5. **定期记录猫咪的体重**
6. **在减少猫咪食物量的过程中，可以将一天的食物量分3～4次喂给猫咪**

   如果减少一次的食物量而增加喂食次数，就不会使猫咪感到饥饿了。

• 有肥胖倾向的猫咪专用粮 •

室内猫咪专用

绝育猫咪专用

• 支持体重管理（代谢）•

减肥专用

以上都是日本Hill’s-Colgate 的产品。

第7章

猫咪的健康管理&需要注意的疾病

平时要定期查看猫咪是否健康

及时发现猫咪的身体变化

猫咪不会自己诉说哪里不舒服，所以猫咪的健康管理主要靠主人。如果主人平时就很关注猫咪的状态，那么一旦猫咪的身体有变化就能立刻发现。例如，“不像平时那么有食欲”“今天好像没有怎么玩耍”等，主人要能够随时察觉到这些变化。

如果发现猫咪的状态与往常不同，就要立刻带它去宠物医院，因此应该尽早搜寻到值得信赖的医院。

检查是否有以下症状

眼睛

眼屎或眼泪较多，眼睛充血，眼睛好像睁不开，瞳孔发白，瞬膜露出来。

耳朵

耳屎较多，有奇怪的气味，不断地抓耳朵、抖动头部。

嘴巴

有口臭，口水较多，牙龈红肿，颜色过红。

皮肤、被毛

频繁地挠痒，有伤口或湿疹，被毛没有光泽，掉毛较为严重。

鼻子

流鼻涕、出鼻血，不停地舔鼻子、打喷嚏。

肚子

肚子有硬疙瘩或膨胀起来。

腿部

喜欢拖着腿走路，发生痉挛。

肛门、生殖器

肛门或阴部、睾丸红肿，肛门周围很脏，有出血，总喜欢在地板上磨蹭屁股。

通过这些现象确认猫咪的身体是否健康

为了尽早发现猫咪身体的变化，需要经常确认猫咪的食欲、排泄状况、行动的样子等。

□有没有食欲

平时很能吃的猫咪突然厌食，就有可能是生病了。

□有没有精神

如果猫咪总是蜷缩起来，不想运动，就要带它去医院。

□有没有排尿或大便

要观察猫咪是否有腹泻或便秘现象，同时要观察猫咪排尿量的多少。

□有没有过多地饮水

如果肾功能异常或患有糖尿病，猫咪的饮水量就会增加。

了解猫咪身体的基本数据

在猫咪身体状态好的时候，给它测一下脉搏、呼吸和体温。如果了解了猫咪身体正常时的数值，当猫咪行为异常时就能尽早发现问题并诊治。

● 测量脉搏

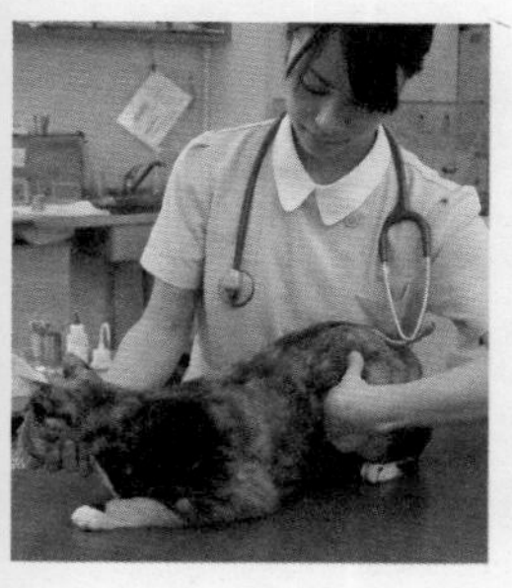

先让猫咪趴好，用四根手指（食指到小拇指）在猫咪后腿根部寻找猫咪的脉搏，直到感受到脉搏跳动（一般位于后腿内侧）。猫咪的脉搏数一般是一分钟110～130次。

● 测量呼吸

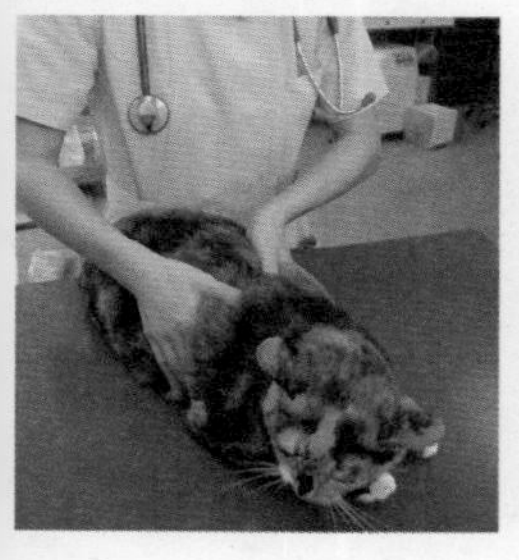

先让猫咪趴好，用双手从上面按住猫咪的胸部和肚子周围，感受猫咪呼吸的频率。呼气、吸气算一次，猫咪的呼吸数一般为20～30次/分。

● 测量体温

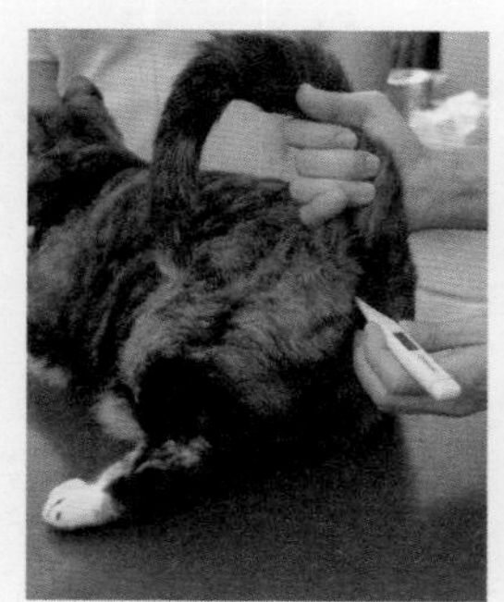

轻轻地把猫咪的尾巴提起，先用水或油涂抹体温计的前端，使其润滑，再将体温计插入猫咪肛门内2～3厘米进行测量。猫咪的正常体温通常比人的体温稍高，为38℃～39℃。

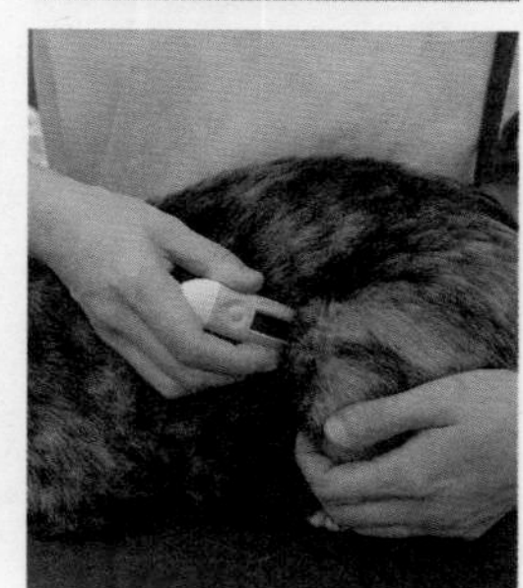

还有一种测量体温的方法是，将体温计夹在猫咪后腿根部。在这种情况下测量的体温要比在肛门中测量的体温稍低一些。

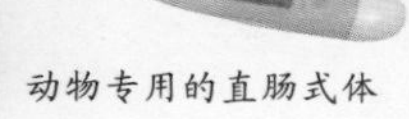

动物专用的直肠式体温计

不同季节猫咪的照料日历

每个月都需要的细致护理

现在大多数猫咪都是室内饲养，为了让猫咪在一年中都很有活力，不同季节健康管理的要点也不同。通常我们都说猫咪怕冷，但是夏天的气温有时会超过35℃，这对猫咪来说也是一个恶劣的环境。另外，越是上了年纪的猫咪，主人细致的呵护对于维持猫咪的健康越是不可或缺。可以参考每个月、每个季节的护理要点，对猫咪的身体进行护理，多多关心猫咪，以保证它的健康。

3月

春天是换毛期，应根据长毛种猫咪的掉毛量，一天之内多次为它梳理被毛。对于短毛种猫咪一天也要梳理一次。

4月

气候变暖了，猫咪的身体也会变得相对稳定，未绝育的母猫大多会迎来发情期，因此尽量不要让室内饲养的猫咪外出。

5月

气温上升，跳蚤等寄生虫也开始活跃，不要让室内饲养的猫咪外出，同时注意不要让猫咪接触外面的猫。另外，可以咨询医师，做好寄生虫预防工作。

6月

高温多湿的天气很容易引起食物中毒，因此不要把食物长时间暴露在空气中。猫咪的食盆每次用完后都要进行清洗，注意保持干净。

7月

此时是跳蚤最活跃的时期，要仔细确认猫咪皮肤的状态，哪怕只发现一只跳蚤或跳蚤的粪便，都一定要进行彻底驱除，并且彻底清扫室内。

8月

如果在酷暑的日子里外出，把猫咪独自留在炎热的室内，则可能使猫咪中暑而引起脱水，因此不在家的时候要想办法保证室内的舒适性，并且准备好充足的饮水。

秋天

9月

刚送走炎热的夏天，猫咪的身体很容易感到不适，如食欲不振、流鼻涕等。一旦发现与平时不同的症状就要尽早看医师。

10月

秋天是换毛期，与春天一样要细致地为猫咪梳理被毛。天气凉爽了，猫咪的食欲也增强了，为了避免肥胖，注意不要给猫咪喂过多的食物。

11月

气温下降，空气开始变得干燥，猫咪的抵抗力也开始下降，病毒容易扩散。为了防止猫咪感染病毒，不要忘了给它接种疫苗。

12月

这个季节的一些植物，如一品红、仙客来等，猫咪吃了会中毒，注意不要把这些植物放置在猫咪附近。

1月

注意摆放好暖炉等取暖设备，不要让猫咪烫伤。人类用的电热毯、暖炉对猫咪来说有可能温度过高，注意防止低温烫伤或脱水。

2月

天气变冷，猫咪的饮水量也开始减少，要注意观察猫咪小便的量和次数，给猫咪吃一些水分较多的食物。可以将猫咪的饮用水换成温水。

注意这样的症状

关注猫咪的身体，生病要及早发现

即使猫咪的身体状况不好，主人也很难发现，常常是一旦发现，问题已经很严重了。平时要注意检查猫咪的身体状况，如果发现以下症状，猫咪就有可能生病了，需要及早带它去宠物医院进行治疗。

身体的症状

□不喜欢被触摸

有一些猫咪本来就不喜欢被触摸，但如果平时接受触摸的猫咪，突然有一天不喜欢被触摸，那主人就要注意了。除受伤外，如果猫咪不喜欢被触摸肚子，就有可能是尿道结石；如果猫咪不喜欢被触摸嘴巴，就有可能是患有口炎；如果猫咪不喜欢被触摸耳朵，则有可能是患有中耳炎。

□肚子上有肿块

如果触摸猫咪的肚子，发现有硬块或软块，就有可能是生病的信号，这时候要尽早带猫咪接受治疗。

□肚子膨胀

如果是没有怀孕可能的成猫，那肚子膨胀有可能是便秘或胀气。一般情况下，小猫在吃完饭之后肚子膨胀是正常的，但也有可能是蛔虫病等疾病。不管怎么样都要带猫咪去医院检查。

□掉毛

猫咪总是舔身体的某个部位以致舔掉了毛，除有可能是皮肤病外，情绪紧张等心理因素也有可能导致这样的症状，这时要去医院咨询医师。

□非常痒

如果猫咪掉毛、皮肤发红或患有湿疹，就有可能是皮肤病。跳蚤、螨虫、发霉、过敏等各种各样的原因都有可能导致瘙痒，这时要及时带猫咪去医院。

□发烧

首先要给猫咪测量体温，确认温度是否超过了正常体温，同时要检查猫咪是否有流鼻涕、拉肚子、眼部分泌物过多、流泪、流口水等症状。各种各样的疾病都有可能，因此要立刻带猫咪去医院，并告知医师猫咪的体温。

脸部周围的症状

□瞬膜显露

猫咪内眼角处白色的薄膜就是瞬膜。如果瞬膜总是显露出来，那么通常考虑是某种疾病造成的，这时候要带猫咪去医院。

□流鼻涕

如果猫咪流鼻涕、打喷嚏、眼部有分泌物，那有可能是患上了猫病毒性鼻气管炎，也就是所谓的猫感冒，这时候要带猫咪去医院接受治疗。

□有口臭

有口臭有可能是患有牙周病等口腔疾病。如果发现猫咪吃饭很困难，也有可能是生病了，要在病情恶化之前尽早带猫咪接受治疗。

□眼屎过多

如果猫咪经常流泪或眼屎过多，则有可能是患上了结膜炎。为防止猫咪揉眼使病情恶化，可以给猫咪戴上伊丽莎白圈，并尽早去医院接受治疗。

□流口水

这大多是口炎导致的，如果原因不明也有可能是中毒引起的，因此要尽快接受治疗。如果猫咪处在炎热的室内，那中暑的可能性也比较大，可以降低室温并通过冰枕给猫咪降温，然后带它去医院。如果猫咪晕车就要立刻下车观察 30 分钟左右，能够恢复的话就没有大碍。

需要注意的症状

□食欲不振

食欲不振可能是所有疾病的症状。如果猫咪好多天都没有吃东西，那有可能出现脂肪肝，这时候不要犹豫，尽早带猫咪去医院。

□呕吐

如果猫咪饭后就吐掉了还没有消化的食物，有可能是猫咪吃多了，也有可能是在吐毛球。这时要持续观察猫咪，如果不再吐就没有问题，但如果总是吐，而且吐出胃液，那就有问题了。有时猫咪误食了异物也有可能发生呕吐。另外，如果猫咪总是流口水，或者表现出想吐又吐不出来、很痛苦的样子，就要带猫咪去医院了。

□腹泻、便血、大便中有异物

如果猫咪腹泻或大便较稀，或者大便中有血或异物，并且在排便之后表现得很没精神，就要带猫咪去医院了。特别是小猫，很有可能越来越虚弱，要尽快带它去医院，不要拖延。

□持续便秘

如果猫咪很多天没有排便，就要怀疑猫咪是便秘了。如果便秘已经成为习惯，就有必要通过饮食疗法和药物进行改善，并尽早接受治疗。

□大量饮水

猫咪是能够将少量的水分在体内进行有效利用的一种动物。如果猫咪的饮水量比平时多出很多，就有可能是肾功能低下或糖尿病等疾病。

□呼吸很痛苦

呼吸看起来很痛苦的样子。猫咪正常的呼吸数是 20 ～ 30 次 / 分，如果超过这个数值就要注意了。如果猫咪气息受阻或呼吸的声音较大，并且牙龈苍白，这时候情况紧急，要立刻带猫咪去医院。

需要了解的紧急情况的处理方法

紧急情况的处理方法

当猫咪受伤或发生事故的时候，要尽早带它去技术和设备比较完善的医院。但是在去医院之前要做一下应急处理。为了能够在紧急情况下做好适当的处理，下面总结了一些处理方法。

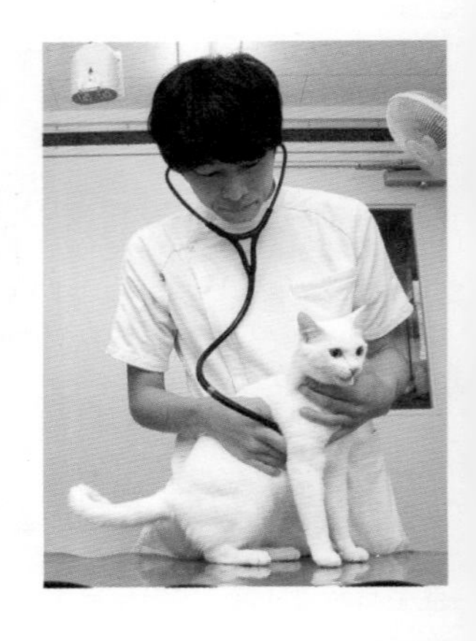

案例一 出血

如果是轻微出血，可以使用纱布等按压止血，处理之后 10 分钟左右如果还继续流血，就要在止血的同时及早把猫咪送往医院接受治疗。有时猫咪用了人类的消毒药会流血不止，因此主人不要根据自己的判断随意给猫咪使用。

案例二 骨折

尽量不要让猫咪活动受伤的部位，马上带猫咪去医院。如果猫咪感觉痛苦，在抱起它时就要注意不要碰到伤处。

案例三

高 烧

引起猫咪高烧的原因有很多，如细菌感染、肿瘤、被咬伤等。另外，如果猫咪原本身体就不太好，免疫力下降，也会发烧。一旦发现猫咪发烧、浑身无力，要立即送医。如果猫咪身体不停颤抖，就要用毛巾把它包起来，确保其不冷、温暖后立即送医。

案例四

烧 伤

需要立刻冷却烧伤的部位，可以通过冲凉水来冷却，在去医院的路途中可以将冷却剂放在毛巾上给猫咪的伤处降温。

案例五

痉 挛

痉挛的时候猫咪有可能口吐白沫，倒在地上，大小便失禁。这时候不要慌乱，注意保护猫咪不要碰到家具等物体，等痉挛停止之后用毛巾包裹着猫咪仔细观察一会儿。如果猫咪的表现和平时一样，情况稳定，为谨慎起见，最好还是去医院就医。就医时要告知医师，猫咪在什么时候、在怎样的身体状况下，发生了什么样的痉挛。如果能拍下痉挛时的视频给医师看，对诊疗会更有帮助。如果痉挛时间持续了 5 分钟以上或反复痉挛，要立即送医。去医院的途中，猫咪可能表现出暴躁，可以把它放进托运箱或洗衣网袋中，以免它乱动时意外受伤。

案例六

中暑

在夏天最热的时候，猫咪也会中暑，如果是在封闭的屋子里或空调不起作用的车内就要注意了。如果是中暑，猫咪的体温会超过 41℃，这时候可以将空调开大一些，让猫咪躺在空调风吹不到的地方，并且用毛巾裹着冷却剂给猫咪的肚子降温，同时送它去医院。如果猫咪能喝得下水，就立刻给它喝水。

案例七

触电

当猫咪咬破电线触电时，如果主人直接抱起猫咪，那主人也有触电的危险，因此在抱起猫咪之前要先将插头拔下。当猫咪没有呼吸时，要确认其心脏是否还在跳动。如果心脏已经停止了跳动，就有必要为它进行人工心肺复苏，并且立刻送它去医院。

案例八

误饮误食

当猫咪误食了异物时，马上将猫咪的嘴巴掰开，确认口腔内是否还残留着异物。如果还可以取出来，就用手指帮猫咪取出异物。如果已经吞咽，那在几小时之内异物就会流进肠道，因此要立刻带猫咪去医院。

猫咪容易误食线状物。如发现线状物已经开始从肛门排出，不要硬拽。这时候需要医师的专业处理，请抱着猫咪直奔医院。

注意线状物

猫咪喜欢线、绳、丝带等柔软且细长的东西，玩耍时咬着咬着就容易吞下去。线状物是误食最多的东西，如发现地上有这些东西要立即清除。

人工心肺复苏的做法

猫咪因触电、溺水等失去意识而导致心跳停止时，如不能立即就医，就需要进行人工心肺复苏。即使可以立即奔赴医院，如有条件，也可以在送医途中进行心肺复苏。

1 确认是否有心跳

让猫咪侧躺，身体的左侧在下，触摸左胸附近，感知是否有心跳。

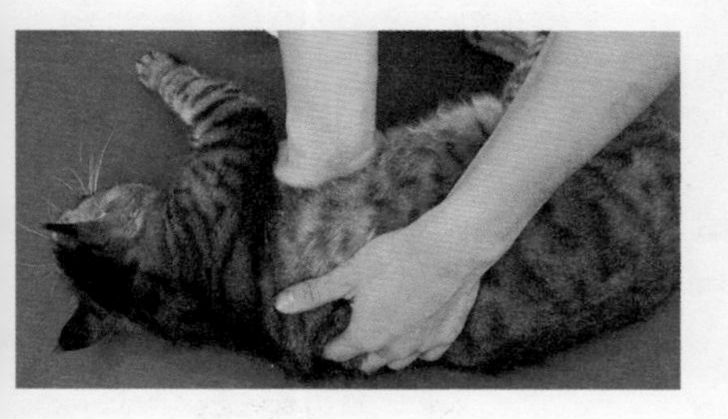

2 如何握住心脏

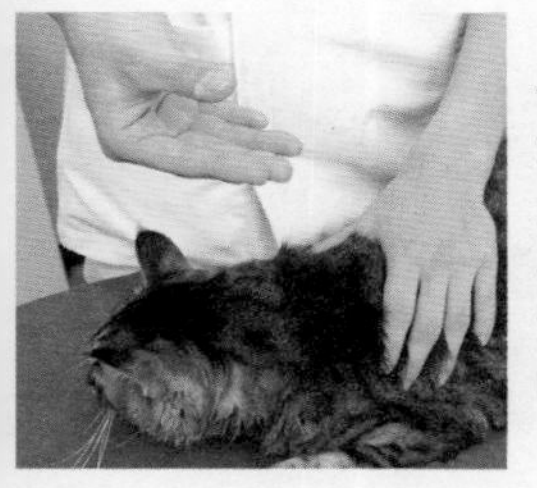

如图所示，我们要拇指朝上，其余四指位于下方呈水平状。呈水平状的四根手指深入猫咪左前腿的根部，并夹紧。

3 握住心脏并按摩

指尖用力，以 1 次 / 秒的频率按摩，并持续 2 分钟。比较理想的按握强度是猫咪胸部凹陷 3 ～ 4 厘米。

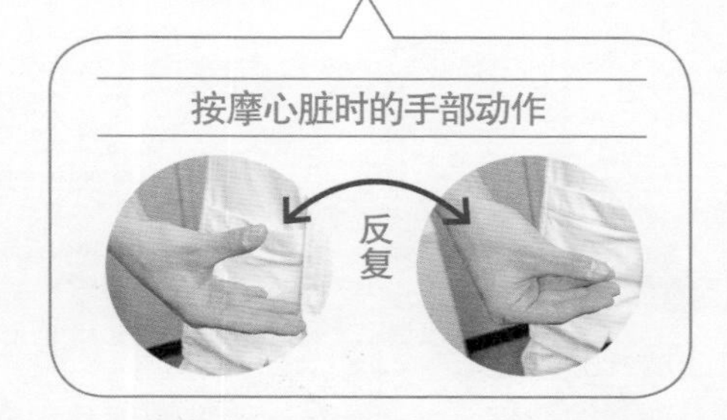

手机录制的视频有助于诊断

如能在猫咪接受诊断和治疗时给医师看一下视频或照片，将有助于医师诊断病情。粪便、呕吐物中有时含有病毒、细菌，如唐突地直接把这些带去医院，可能在途中引发感染。用手机清晰拍下，医师便可以从视频或照片中确认病情。当猫咪发生痉挛或行动与平时不同时，最好拍下来并拿给医师看。

如何巧妙地给猫咪喂药

了解诀窍，轻松给猫咪喂药

如果猫咪生病了，一定要按照医师的处方给它喂药。但是给猫咪喂药会使它的身体受到拘束，让它感到讨厌。另外，还有一些猫咪在被强行喂药时会抵抗。最好有两个人，一个人按着猫咪，另一个人喂药。如果在家里喂药比较困难，可以去医院请医师或其他员工实际演示一下喂药的方法。家里备有吸管和注射器会比较方便。

如果猫咪讨厌服药，可以尝试使用“药丸套”。药丸套中间有可塞药的孔，而且可食用。

给猫咪喂药片

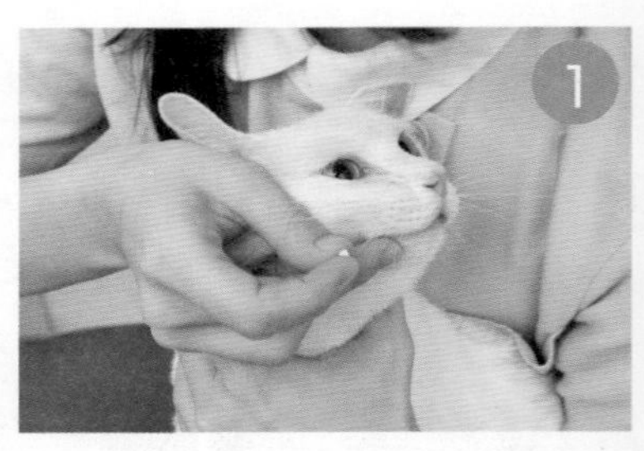

一只手抓在猫咪的颈部，使猫咪的头向上抬起，再用另一只手的大拇指和食指捏住药片，同时用中指撑开猫咪侧面的上嘴唇。比起正面，猫咪嘴巴的侧面更易撑开。

撑开猫咪的嘴巴后，一根手指按住嘴巴上颚让猫咪的嘴巴张得更大，把药塞进猫咪口腔深处。

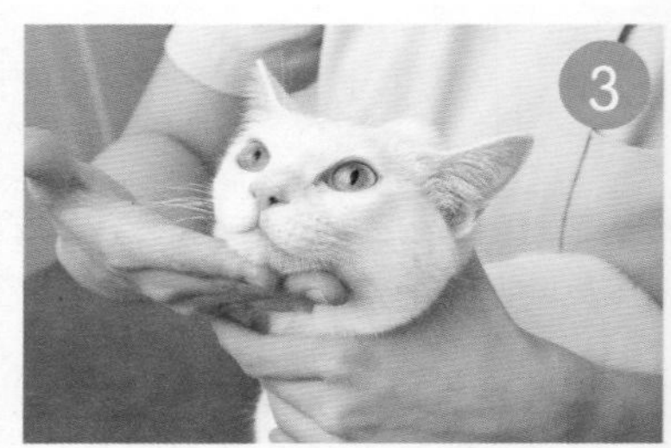

一只手固定住猫咪的头部，另一只手合上猫咪的嘴巴，同时抚摸猫咪的喉咙，在猫咪把药吞咽下去之前不要让它张开嘴。为了保证猫咪不吐出药片，第2、第3个步骤要迅速进行。

给猫咪喂粉末药物和液体药物

将液体药物或用水溶解后的粉末药物，用吸管（或注射器）吸入一次的量。一只手将猫咪的头向上抬并固定头，另一只手将吸管（或注射器）从猫咪嘴巴的侧面插进去，然后注入猫咪的口腔内。如果药量较多，要防止猫咪吸入气管。*

*如果是粉末药物，还可以掺杂在略湿的猫粮中喂猫咪吃。但是猫咪很有可能因为食物的味道发生变化，而从此以后不再吃这种猫粮。

给猫咪点眼药水

按住猫咪的下巴，使头部固定（最好有其他人帮忙），将猫咪的上眼睑向上提，为了不让猫咪看到眼药水，可以从后侧悄悄地给它点。

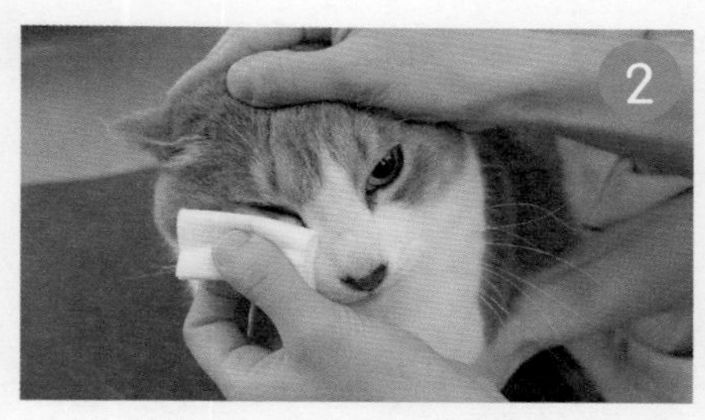

让猫咪闭上眼睛，将溢出来的眼药水用医药棉轻轻擦去。纱布的纹理较粗，不要用来擦拭猫咪的眼睛。

如果有这个会很方便

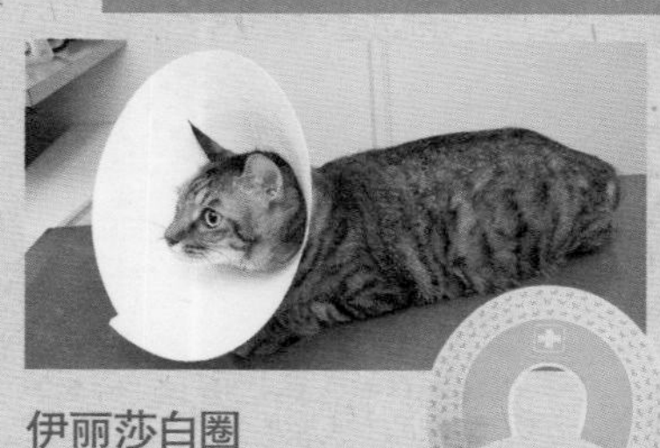

伊丽莎白圈

为了让猫咪舔不到受伤的地方或涂药的地方，可以把伊丽莎白圈套在猫咪的脖子上。这个东西可以自己制作，也可以去宠物医院买。

洗衣网袋

可以在避免猫咪发狂时使用，确保在给猫咪喂药时，只把猫咪的头露出来。在超市里买的洗衣服用的袋子就可以，但最好选择符合猫咪体形的尺寸。

选择宠物医院的要点、就诊时应注意的重点

提前选择好经常去的宠物医院

为了守护猫咪的健康，要提前选择好带猫咪去的宠物医院，这样既方便定期接种疫苗并接受健康检查，而且在遇到紧急情况时我们也会感到安心。

将猫咪迎到家中之前，要先寻找离家较近的宠物医院，并提前确定好诊疗日和具体时间。

选择宠物医院的要点

【基本篇】

- □猫咪生病的时候能及时就诊自然不用说，在猫咪的饮食、生活习惯方面也能够给予指导
- □对于必要的检查和疫苗接种，能够进行详细的说明并切实履行
- □医师和其他员工能够仔细听取猫咪的状况和问题说明，并给出解答
- □医师和其他员工不断了解新的信息，并不断提高自己的技术
- □在必要的时候能够向我们介绍更加专业的宠物医院
- □医院内井井有条，设备完善
- □医院内时常保持清洁，无动物异味、氨水味
- □住院的宠物不乱叫，平静安稳

【进阶篇】

- □全年无休，夜间也能问诊
- □兽医团队共享信息，进行团队医疗
- □设有猫咪专用的候诊室、看诊室
- □在网站、讲座、自媒体上定期更新信息

就诊时需要告诉医师的事，以及最好带去的东西

最好将猫咪就诊时需要告诉医师的事提前做笔记，这样就不会慌乱了。

□是从什么时候开始生病的
□身体状况如何变得不好
□吃饭的时间、吃饭的量
□排泄的状态、排泄的量
□接种疫苗的情况

使用类似以上这种方式将需要说明的事项提前列出来。

如果有腹泻的症状就需要进行粪便检查，如果可能，最好带着猫咪刚刚排泄的粪便去就诊。如果呕吐了，可以带着呕吐物，也可以拍下照片作为诊断时的参考。如果发生了误饮误食，可以带着猫咪误食的食物去医院。但要注意，在带这些东西去医院的途中不要引发感染。如果在带猫咪就诊时，猫咪已经不再痉挛，还可以将猫咪痉挛时的状态用手机拍下视频带去医院。

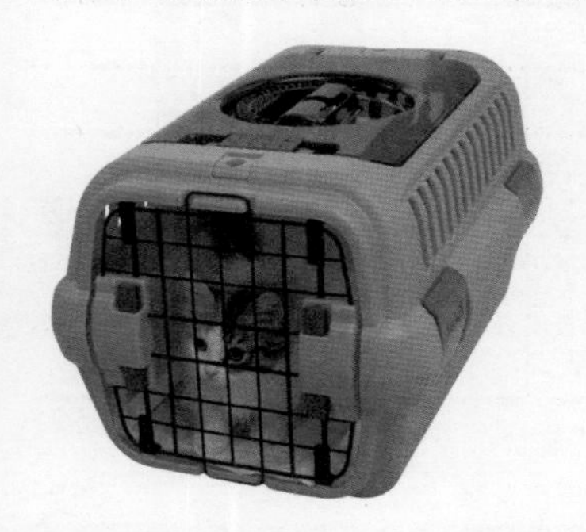

在将猫咪带到医院的时候一定要将它装进托运箱里，在候诊室内也要让猫咪老老实实地待在托运箱内。

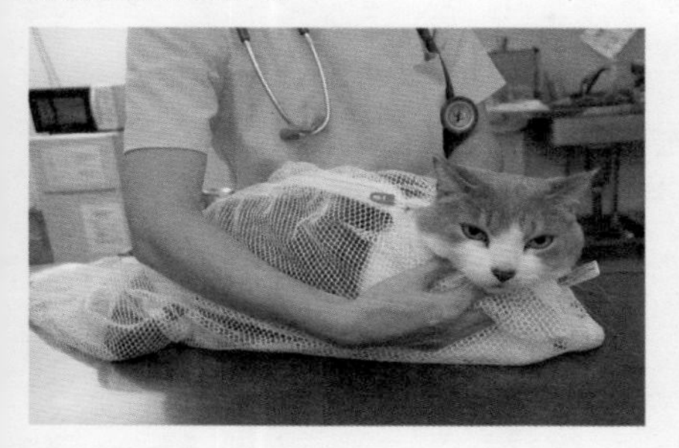

有些猫咪在接受治疗时会抓狂，可以将它装进洗衣网袋中，这样可以安全、顺利地给猫咪注射了。

以防万一，可以给猫咪买保险

关于猫咪的医疗，可以购买宠物保险。带猫咪接受治疗时，有时医疗费会很高，如果提前买了保险，就可以在需要的时候使用。不同类型的保险，保险金和保障的内容也不同，可以询问身边给猫咪买过保险的人，也可以在网上社区进行咨询，选择适合自己猫咪的产品。很多宠物医院会摆放一些宠物保险的资料，可供参考。

宠物保险需要确认的要点

□有没有猫咪专用的保险
□可以加入保险的年龄
□保障的内容
□保障的金额
□分期支付的保险费是多少
□中途是否可以停止缴纳保险费
□是否可以连续买保险

接种疫苗，预防感染疾病

为了保护猫咪不受感染，一定要给它接种疫苗

面对可爱的猫咪，我们一定想让它永远健康、充满活力吧！为了保护猫咪的身体健康，接种疫苗显得尤其重要。

刚出生的小猫会从母猫的母乳中获得免疫力，出生后 10 ～ 12 周，小猫的免疫力消失。因此，要在小猫的免疫力消失前给它接种疫苗。

关于疫苗的种类和接种时间，可以与医师商量之后再确定。

疫苗的种类

疾病名称	疫苗	3种混合	4种混合	5种混合	单独接种
猫病毒性鼻气管炎（猫疱疹病毒感染症）	FHV–1	○	○	○	
猫杯状病毒感染症	FCV	○	○	○	
猫泛白细胞减少症（猫细小病毒感染症）	FPV	○	○	○	
猫白血病病毒感染症	FeLV		△	△	△
猫衣原体感染症				△	
猫免疫缺陷性病毒感染症（猫艾滋）	FIV				△

○→核心疫苗　△→非核心疫苗

预防猫咪感染症的疫苗有以下 3 种：①每只猫咪都应该接种的核心疫苗；②根据需要选择是否接种的非核心疫苗；③非官方推荐的疫苗。

有人认为室内饲养的猫咪受到感染的可能性很低，因此没有必要接种疫苗。但是不能保证猫咪永远不会跑到室外，而且外出的人也有可能把病毒带给猫咪。因此，每只猫咪都应该接种最低标准的 3 种核心疫苗。是否接种非核心疫苗，要视猫咪的生活环境、感染风险而定，应和医师商量后再接种。而非官方推荐的疫苗是指世界小动物兽医师大会（WSAVA）没有推荐的疫苗。

疫苗接种分混合接种（几种疫苗一起接种）和单独接种。

什么是感染风险

猫咪的饲养环境不同，使其罹患传染病的风险存在差异。室内只养了一只的、不去宠物旅馆的家猫罹患传染病的机会少，是“低风险”感染群体；室外饲养的、日常外出的、同时养了多只的、定期入住宠物旅馆的猫咪，是“高风险”感染群体。

WSAVA 推荐的接种日程是理想的

WSAVA 推荐的指导方针中有疫苗的接种日程，这是目前公认最安全且效果最好的安排。这个日程虽不是强制性的，但为了保障猫咪的健康，应正确理解疫苗内容，并制定较为理想的接种日程。

【WSAVA 的指导方针】

从猫咪出生后 6 ～ 8 周开始，至 16 周结束期间，每隔 2 ～ 4 周接种一次疫苗。

猫咪出生后 6 个月或 1 岁时追加接种（加强针）。

此后，“低风险”猫咪 3 年接种 1 次，“高风险”猫咪 1 年接种 1 次。

疫苗接种日程（大致标准）

接种日程	接种次数						
	第 1 次	第 2 次	第 3 次	第 4 次	追加接种	以后	1 岁时的接种次数
理想的接种日程（WSAVA的指导方针）	6周（约出生后1个半月）	9周（约出生后2个月零1周）	12周（约出生后3个月）	16周（约出生后4个月）	26周或52周（约出生后6个月或1岁）	每3年	4次
阿尼霍斯宠物医院的接种日程	8周（约出生后2个月）	12周（约出生后3个月）	16周（约出生后4个月）	—	52周（1岁）	每3年	3次

非幼猫的接种日程

幼猫时期接种了 3 种核心疫苗的猫咪成年后，为了让其具有更强的免疫力，建议追加接种一次 3 种核心疫苗。

捡来的猫咪、疫苗接种史不明的猫咪，要对其进行血液检查，看一下抗体的状况，如果抗体较低就需要接种 3 种核心疫苗。

表格的内容是幼猫的基本接种模式。WSAVA 推荐的是 1 岁时完成 4 次疫苗接种。在遵守指导方针的同时，也可以选择负担较小的 3 次接种，其效果也非常好。

推荐中的追加接种指的是打加强针，打加强针能进一步提高免疫力。虽然推荐中说 1 岁以后要每 3 年接种 1 次，但鉴于日本的流浪猫较多，而且还有没接种疫苗的家猫，和其他国家相比，猫咪感染疾病的风险还是很高的。特别是“高风险”猫咪，要争取每年做 1 次血液检查，看抗体的情况，如果抗体下降了，即使在 3 年以内也要接种疫苗。

通过接种疫苗可以防止感染的疾病的症状&治疗

猫病毒性鼻气管炎

【感染途径】

吸入了患有猫病毒性鼻气管炎猫咪的喷嚏和唾液，经呼吸道感染。

【症状】

会出现打喷嚏、咳嗽、有眼屎、发热等症状。主要会引起鼻炎、结膜炎、喉头炎、支气管炎等，有时候也会转移成肺炎。另外，还会造成猫咪食欲不振，或者完全吃不下东西，甚至因急剧衰弱而导致脱水，情况严重的还会导致猫咪死亡。感染了这种病毒的猫咪，有时候病毒会潜伏在体内，在猫咪抵抗力弱的时候发病。

【治疗】

补充营养和水分，除了采取能够缓解症状的对症疗法，还可以使用抗生素，以防感染其他疾病，或者通过注射干扰素，来提高猫咪对病毒的抵抗力。如果在治疗的过程中停止治疗，就会增加猫咪患慢性鼻炎、结膜炎的风险，因此在完全康复之前一定要持续治疗。与其他病毒的感染症相同，这种病毒没有特殊的治疗方法，只能采取对症疗法。正因为无法从根本上进行治疗，所以对疾病的彻底预防显得十分重要。

接种疫苗必须提前了解的要点

接种时的注意重点

- □确认接种前猫咪的身体是否健康(身体不好的时候不能接种)
- □为了确认接种之后是否出现不良反应，要观察一整天猫咪的情况
- □接种当天要让猫咪保持安静，2天或3天之内要避免剧烈运动和跳跃
- □猫咪怀孕的时候不可以接种疫苗

获取接种疫苗的证明书

接种之后会由宠物医院颁发接种疫苗证明书。
有时候将猫咪寄养在宠物旅馆时需要出示证明书。

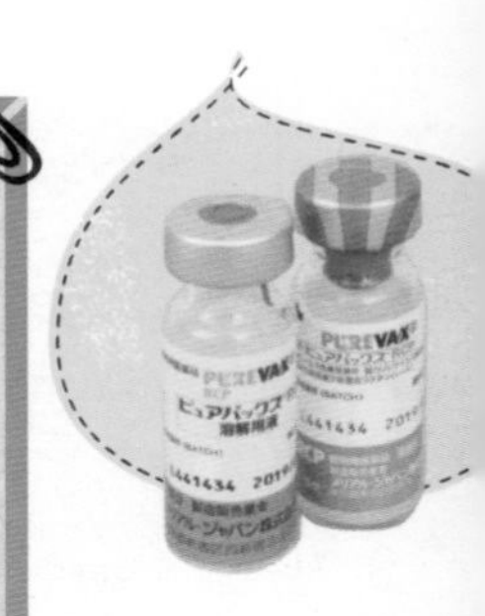

猫杯状病毒感染症

【感染途径】

接触了患有猫杯状病毒感染症猫咪的分泌物，经口腔或鼻腔感染。这种病毒的传染性非常强。

【症状】

主要类似于猫病毒性鼻气管炎和感冒的症状。舌头和口腔内一般会产生溃疡，有时候也会引起关节炎和肺炎。如果有肺炎，则很有可能出现呼吸困难、无法活动等致命的症状。

【治疗】

与其他感染症相同，使用抗生素和干扰素进行治疗。如果猫咪口腔内有溃疡而无法正常饮食，就需要给猫咪注射营养液。

猫泛白细胞减少症

【感染途径】

口腔接触了患有猫泛白细胞减少症猫咪的排泄物而感染。

【症状】

会出现食欲不振、发热、呕吐、腹泻、脱水、便血、衰弱、白细胞减少等症状。其特征为病情进展快，致死率较高。病情进展过快会引起剧烈的呕吐和腹泻，没有精神也没有食欲。没有体力的小猫常会发病，一天之内就可能致死。

【治疗】

与其他感染症相同，使用抗生素和干扰素进行治疗。小猫的致死率较高，早期的预防是很有必要的。

猫白血病病毒感染症

【感染途径】

通过接触患有猫白血病病毒感染症猫咪的唾液和血液感染，也可以通过食盆、母乳等感染。

【症状】

会出现食欲不振、发热等症状。另外，如果眼睑、鼻头、嘴唇等处发白，就说明可能引起了贫血。此病有可能引发淋巴癌、白血病等疾病。

【治疗】

不要接触感染了这种病毒的猫咪，不要让猫咪外出，总之预防最重要。如果引发了淋巴癌，则可以使用抗癌剂等进行治疗。

猫衣原体感染症

【感染途径】

通过接触患有猫衣原体感染症的猫咪的鼻涕、唾液、尿液和大便等感染。

【症状】

会引起分泌黏性眼屎的结膜炎。感染后 3 ～ 10 天，一只眼睛会产生炎症，之后会出现流鼻涕、打喷嚏、咳嗽等感冒症状。如果病情恶化，就会引发支气管炎、肺炎等并发症。如果病情继续恶化，甚至会导致死亡。如果母猫感染了这种疾病，那么小猫也会患上结膜炎、肺炎等疾病，有可能在出生数日后死亡。

【治疗】

这种疾病可以通过使用有效的抗菌药，如点眼药水、滴鼻，或者直接服用药物来治疗。为了防止病情复发，并清除体内残留的病菌，在症状消失后仍然要继续使用两周以上的抗菌药。

猫免疫缺陷性病毒感染症

【感染途径】

通过接触患有猫免疫缺陷性病毒感染症猫咪的唾液感染，主要通过猫咪之间的打架、咬伤而传染。交配时公猫接触母猫的阴道黏膜也会被传染。

【症状】

感染后一个月左右开始发热，并出现淋巴结肿大，基本上在几个星期之后就可以恢复，因此可能察觉不到猫咪感染了这种病毒。有些猫咪即使感染了，也有可能一生之中都不发病，如果是抵抗力较弱的老猫则有可能发病。如果发病了，就会陷入免疫功能不全的状态，如引起口炎、鼻炎、结膜炎等，接着体重减轻，并产生呕吐、腹泻等症状，持续消瘦。如果这样的症状反反复复，最终会引发肺炎、癌症等疾病，进而导致死亡。

【治疗】

如果发现得早，那么可以通过增强体力、防止免疫力低下来推迟发病时间。一旦发病，就只能与其他感染症一样采用对症的抗病毒药。

注意猫咪和人类都会患的疾病

在猫咪的疾病中，有一种叫作“人畜共通感染症”，指的是可以经由猫咪传给人类的疾病。也就是说，人类和猫咪都有可能患上这种疾病。例如，钱癣、疥癣、猫抓热、巴斯德氏菌病、蛔虫病、弓形虫病、跳蚤刺痒症等都属于这种疾病，病因是感染了病原体。如果被猫咪咬了、抓了，或者接触了患病猫咪的粪便，都有可能染上这种疾病。另外，即使同样的疾病，有时候猫咪或人类的其中一方也有可能不表现出症状。

然而，无论什么疾病，只要平时做到接触猫咪之后洗手，避免与猫咪口传食物等过度接触，让猫咪保持清洁，就可以在日常生活中进行预防。

还要警惕猫传染性腹膜炎(FIP)

猫传染性腹膜炎无法通过接种疫苗来预防，而且发病率和致死率都较高。病因是感染了猫传染性腹膜炎病毒，主要症状有呕吐、腹泻、发热、食欲低下等。大致分为两种类型：①渗出型；②非渗出型。大多数感染该病毒的猫咪是第一种类型，会导致腹部或胸部积水，呼吸困难。第二种类型会导致中枢神经的炎症，可见痉挛、麻痹、行为异常等症状。治疗方面可以采用具有抗病毒作用的干扰素。另外，不要靠近感染该病毒的猫咪，彻底预防是最重要的。

心丝虫病是可以预防的

心丝虫病是心丝虫（寄生虫的一种）寄生在肺动脉而引发的疾病。蚊虫吸食了感染心丝虫病猫狗的血液之后，再叮咬猫咪，猫咪就会被传染。以前认为心丝虫病是狗狗的疾病，但数据显示，10 只猫咪中就有 1 只感染了心丝虫病，现在这也是猫咪的多发病之一。

患心丝虫病的猫咪会出现咳嗽、气短、呕吐等症状，如出现肺血栓则可能突然致死。可以通过投喂驱虫药或做外科手术来治疗。但这些都是高危的治疗方法，所以预防是最重要的。可以每月投喂 1 次猫咪专用的心丝虫病预防药，药物的投喂请遵医嘱。

需要注意的猫咪疾病和症状&治疗方法

这种情况要注意！与平时异常就要看医师

平时要多观察猫咪的样子，了解猫咪正常时的状态。这样一来，如果发现猫咪的行为与平时不同，就能够立刻察觉到。

如果猫咪没有食欲、没有精神，但没有表现出明显的身体不适症状，这时候可能还没有达到“异常”的程度，可以认为是状态不好，要持续观察猫咪。

循环系统疾病

肥厚性心肌病

【症状】

心脏的肌肉增厚，动力减弱。美国短毛猫和缅因库恩猫常患这种疾病。刚开始的时候可能表现为不爱运动、咳嗽、呼吸困难等症状，一旦发现这种疾病，常常已经到了肺水肿的严重程度。另外，心脏内部形成的血栓会阻塞末梢血管，还会引起后腿麻痹等症状。

【治疗】

可以使用辅助心脏动力的辅助药物或缓解血栓的药物进行治疗。主要通过超声波检查，可以在早期发现这种疾病。

呼吸系统疾病

猫哮喘

【症状】

会引起突发的咳嗽和呼吸困难。有时候会突然咳嗽，或者呼吸时发出喘息的声音。刚开始可以很快治愈，有时候也存在一定的时间间隔。如果治疗较晚，病情恶化，猫咪会趴卧（呈狮身人面像的姿势），用全身来深呼吸（使用平时呼吸不会用到的腹部肌肉），皮肤和黏膜会发紫，甚至由于呼吸不畅而导致死亡。

【治疗】

发作的时候，可以使用支气管扩张剂、类固醇、抗炎症剂等进行内服或吸入治疗。如果病情较重，可以住院吸氧或输液。

消化系统疾病

炎症性肠道疾病（IBD）

【症状】

由于肠道炎症而引起的疾病，指的是慢性原因不明的难治性胃肠炎。猫咪会长期出现腹泻、呕吐、食欲不振、便血等症状，时好时坏，反反复复。无论任何年龄的猫咪都有可能发病，特别是中高龄猫咪的发病率较高。

【治疗】

这是一种很难完全治愈的疾病，有必要长期采取适当的饮食疗法和进行抗生素治疗。通过治疗，症状可以得到缓解，能够维持正常生活的可能性很高。

猫脂肪肝综合征（脂肪肝）

【症状】

由于脂质代谢异常，肝脏内堆积了很多脂肪，从而引起肝功能障碍。特别是中高龄的肥胖猫咪，如果数日没有进食，则很有可能引起二次发病。猫咪的症状表现为没有食欲、没有精神，并且伴有呕吐和腹泻。如果病情较重，还有可能引起黄疸、痉挛和意识障碍，甚至有生命危险。

【治疗】

最重要的就是预防。如果猫咪开始不吃东西，不要等待多日观察情况，必要时要补充必需的氨基酸等营养物质。如果病情较重，还需要向胃里插管，输入富含营养素的食物。

巨结肠症

【症状】

由于慢性便秘导致结肠内的大便堆积，使便秘变得严重。病因是腹部肌肉的力量和肠道的运动力低下，以及脱水、交通事故等造成的神经损伤，或者由于骨盆骨折造成的骨盆狭窄等。症状是想要排便却排不出来，非常痛苦。另外，有时候还会排出水分较多的黏性大便，常常被误认为是腹泻。如果便秘长期持续，猫咪会没有食欲、没有精神、体重减轻，甚至会发生脱水。

【治疗】

可以通过清除结肠内堆积的大便，或者采用促进通便的药物来治疗。如果产生了脱水症状，还可以输液。通常可以给猫咪吃一些防止便秘的处方食物。

泌尿系统疾病

慢性肾脏病

【症状】

高龄猫咪容易患这种疾病。如果上了年纪，或者由于其他疾病的影响，猫咪的肾脏功能会变得低下，废物和毒物无法充分排出而聚集在体内。除大量饮水、尿液增加外，猫咪还会出现食欲不振、贫血、呕吐、体重减轻等症状。但是这种疾病在初期几乎没有什么症状，因此病情会在没有发现的时候不断恶化，直到非常严重的时候引起尿毒症，从而威胁到猫咪的生命。

【治疗】

肾脏功能没有办法恢复到从前的水平，因此无法完全治愈。但是为了减缓病情的发展，可以通过药物和饮食疗法来为功能低下的肾脏减轻负担。对于这种疾病，早期的发现是很有必要的，因此要特别关注高龄猫咪每天的排尿次数和排尿量。

治疗猫咪肾脏疾病的药物

一直以来，针对猫咪的慢性肾脏病都没有有效的药物。近期，Rapros®（贝拉普罗斯钠）上市，该药能抑制肾脏疾病的发展。但因其仍处于刚投入使用的阶段，使用前应咨询医师。

尿道结石

【症状】

这是由于膀胱中尿液里的钙成分凝固、结晶、结石而形成的。主要症状有：频繁去厕所却无法排尿、尿液中混有闪亮的结晶状物、血尿等。如果猫咪喝水少，尿液会变浓，容易形成尿道结石。尿道较窄的公猫发病较多，结石排出时会划伤尿道引发炎症，也会阻塞尿道（尿道梗塞）影响排尿。一旦尿道梗塞，就可能引发尿毒症，危及生命。

【治疗】

在尿道中插入导管，把结石从尿道引回膀胱，投喂含有少量镁的食物溶解结石。如果结石过大，则需要通过手术摘除。如果尿道梗塞则需要尽早处理。可以通过投喂矿物质成分较低的防结石食物，让猫咪多喝水来预防结石。另外，要保持厕所清洁，尽量不要让猫咪憋尿。

下泌尿系统疾病

【症状】

这里指的是下泌尿系统（从膀胱到尿道）引起的疾病总称。常见的有膀胱炎、尿道结石、尿道梗塞等。如果病情加重，则有可能导致尿道梗塞，无法排尿。如果因急性肾功能不全引发了尿毒症，甚至可能在短时间内导致猫咪死亡。发病时，尿液的颜色会变成粉色或红色，如果伴随着血尿，就更要重视了。患有这种疾病的猫咪总是在厕所徘徊，或者怎么用力也排不出尿。同时，去厕所的次数也会增多，排尿的样子也与平时不同，有时候还会表现出食欲不振或没有精神。

【治疗】

根据疾病和症状采取适合的治疗方法。如果是膀胱炎，可以使用抗生素；如果是尿道结石，可以采取饮食疗法，或者通过手术取出结石；如果猫咪已经患有急性肾功能不全，就要使用利尿剂或通过输液来排除毒素。这种疾病即使治好了也很容易复发，因此要注意安排好猫咪的饮食，同时要培养猫咪可以随时轻松排泄的习惯。

内分泌疾病

糖尿病

【症状】

由于从胰腺分泌的激素胰岛素发生异常，从而引起糖代谢障碍，使血糖值升高。有的猫咪本身就容易患糖尿病，但是主要原因还是肥胖及情绪紧张。症状是饮水量增加、尿液增多、食量增加等。如果病情严重，还会导致没有精神、呕吐和脱水等，也可能引发黄疸。

【治疗】

有的治疗方法是必须每天注射胰岛素，也可以通过饮食疗法和口服药物来治疗。肥胖的猫咪容易发病，因此需要注意。如果猫咪的饮水量突然增加，在还没有出现其他症状之前，就要带猫咪去医院。

猫甲状腺功能亢进症

【症状】

这是由与体内基础代谢相关的甲状腺激素分泌异常活跃而引起的疾病。症状是猫咪时常不安定，大量饮水，排尿的次数增加，食欲旺盛，但是体重减轻。中高龄猫咪容易患这种疾病。

【治疗】

关于治疗方法，有内科疗法和外科疗法两种。内科疗法是使用抗甲状腺药剂，外科疗法则是切除变大的甲状腺。如果中高龄猫咪出现以上症状，就要马上去医院接受治疗。

生殖系统疾病

猫子宫蓄脓症

【症状】

没有生过小猫的母猫到了中老年时期，容易患上这种疾病：子宫内部蓄脓。这是由于细菌感染子宫引起的。可分为两种类型：一种是脓会从外阴流出来的“开放型”，另一种是脓完全不会流出来的“闭塞型”。无论哪种类型，其症状都是饮水量增加、尿液增多。如果病情恶化，还会引发呕吐和脱水，甚至会引起腹膜炎而导致死亡。

【治疗】

如果发病，则需要立刻进行手术，切除卵巢和子宫。另外，手术前、中和后都要使用抗生素。绝育可以防止这种疾病发生，因此如果不希望母猫繁殖后代，最好在发情期之前就做绝育手术。

会吐毛球的猫咪 / 不会吐毛球的猫咪

有的猫咪会吐毛球。猫咪舔自己的毛发之后，毛发会进入胃里，然后随着大便一同排泄出来，有时候也会形成毛球从嘴里吐出来。有的猫咪只是偶尔吐毛球，吐完之后也没什么异常表现，这时主人不需要担心。也有一些猫咪可以将毛发很好地排泄出来，而完全不会吐毛球。

但是，进入胃里的毛发如果积累得越来越多，就会刺激胃黏膜，或者堵住胃部到小肠的出口，这就叫作“毛球症”。长毛种或高龄的猫咪由于肠胃功能低下，很有可能患上这种疾病。如果有时候会吐毛球的猫咪突然不吐了，或者想要吐毛球却吐不出来，同时伴有食欲不振和便秘的症状，就要带猫咪去医院了。

皮肤疾病

跳蚤过敏性皮肤炎

【症状】

这是由于对跳蚤唾液中的蛋白质起反应而引起的过敏性皮肤炎。症状是猫咪的后背和尾巴会起红疹，并且掉毛。由于非常瘙痒，猫咪会频繁地咬、舔患处。另外，由于猫咪在皮肤上乱抓乱挠，也会引起皮肤出血。是否会患上这种疾病与猫咪的体质有关，不同的猫咪所表现出的症状也不同。

【治疗】

为了缓解过敏症状，可以使用类固醇药或抗过敏药来进行治疗。同时，还需要使用驱虫药来驱除跳蚤。主人需要对室内进行仔细、彻底的清扫，驱除潜藏在室内的跳蚤、虫卵、幼虫、虫蛹等，确保猫咪生活环境的清洁。如果同时饲养了多只猫咪，对于其他猫咪也要使用预防和驱除跳蚤的药物。

疥癣

【症状】

这是一种被称为疥癣的螨虫寄生在猫咪体内引起的奇痒无比的皮肤炎。最初的症状是脸部和耳朵边缘起红疹，并且毛发脱落。由于皮肤变厚，脸部和耳朵的皮肤会变得皱巴巴的。之后螨虫会在体内扩散，猫咪的背部、四肢、肚子也会非常痒，因此会胡乱地抓挠身体。

【治疗】

使用螨虫杀虫剂来进行治疗。猫咪经常使用的猫床、被子、毛巾等都要进行消毒。室内也要彻底清扫，驱除螨虫。如果同时饲养了多只猫咪，或者还饲养了别的宠物，那么对其他宠物也要进行相同的治疗。

钱癣

【症状】

由于接触了感染钱癣这种真菌（霉菌）的猫咪而染病。症状是猫咪的脸部、耳朵、四肢等处的毛发会出现近似于圆形的斑疹，脱毛较严重，周围可见皮屑和结痂，但是瘙痒的感觉并不是很强烈。据说幼猫和免疫力低下的猫咪容易患这种疾病。

【治疗】

可以给猫咪吃抗真菌药物，或者使用含有抗真菌药的沐浴液或将软膏涂抹患处进行治疗。治疗的时候，要将患处和周围的毛发剃干净，这样更容易涂抹药剂，并且不会扩大感染范围。另外，为了避免再次感染，平时猫咪使用的被子等要经常清洗和消毒，同时彻底清扫室内。

眼睛疾病

结膜炎

【症状】

眼睑内侧充血发红，常见流泪时眼部有分泌物。由于瘙痒和有异物感，猫咪总喜欢揉眼睛，使眼睛周围红肿并感觉疼痛。这有可能是因为眼睛里面进了毛发和刺激物造成的，也有可能是感染了衣原体等细菌或病毒，还有可能是过敏引起的。如果是呼吸系统感染疱疹病毒所致，就会出现流鼻涕、打喷嚏等症状。

【治疗】

如果眼睛里进了异物，就要立即清除；如果是细菌感染所致，就要使用抗生素眼药水；如果是病毒感染所致，就要使用抗病毒眼药水。如果同时饲养了多只猫咪，为了防止传染，在痊愈之前不要让猫咪互相接触。

牙齿、口腔疾病

牙周病

【症状】

如果不给猫咪刷牙，食物残渣等污垢堆积，就会形成牙垢。如果放任不管，细菌就会繁殖，从而引起牙龈炎。这时候猫咪的牙齿会开始松动，进而脱落（牙周病）。

如果患上了牙龈炎，会有口臭、牙龈出血等症状，在咀嚼食物时也会感到疼痛，导致食欲下降。

【治疗】

最理想的方法是平时就给猫咪养成使用牙刷或纱布清洁牙齿的习惯。与湿猫粮相比，干猫粮的优点是不容易产生牙垢，所以尽量选择干猫粮。如果病情恶化，可以去医院进行全身麻醉后清除牙垢，或者拔牙。

注意口炎

猫咪除了牙齿的疾病，其牙龈、舌头、口腔黏膜也会产生炎症，表现为红肿溃烂、溃疡、出血的口炎、牙齿吸收等。由于口臭、流口水、疼痛感较强，有些猫咪可能讨厌被触摸。

这时候要尽早带猫咪去医院接受治疗。如果还涉及其他病毒性的疾病，那么还需要根除病因。

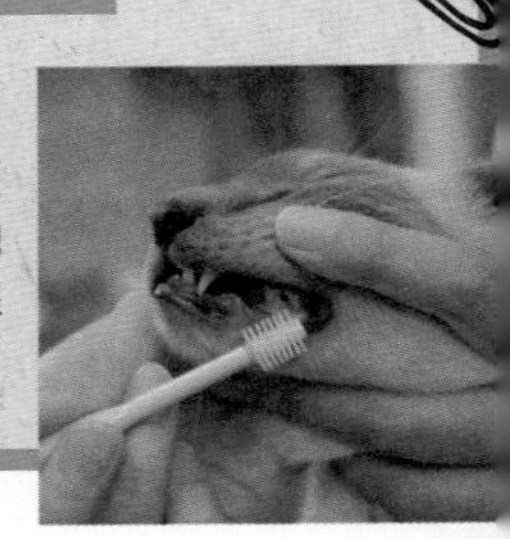

耳朵疾病

外耳炎

【症状】

这是从耳郭到鼓膜的外耳部分产生炎症的疾病，病因是细菌或真菌感染或过敏等。如果出现疼痛和瘙痒，那么猫咪可能异常地抓耳朵，或者在地板上磨蹭身体，甚至不停地晃动头部。如果猫咪有大量耳垢并且有恶臭就要注意了。如果发展成慢性病，外耳道就会红肿堵塞。

【治疗】

基本的治疗方法就是清洗外耳。但是造成这种疾病的原因有很多，因此首先需要确定病因，然后根据具体的病因来选择抗真菌药物和抗生素等。

耳疥癣

【症状】

这是由于耳疥癣虫寄生在猫咪的外耳道而产生的疾病。耳疥癣在猫咪的耳朵里繁殖，引起剧烈的瘙痒，并且会产生偏黑色的耳垢。由于瘙痒，猫咪会频繁地晃动头部，并且将耳朵在硬物上摩擦。另外，由于频繁地抓耳朵，猫咪的耳朵周围会被抓伤。耳疥癣是由于接触而感染的疾病，因此如果母猫患有这种疾病，就很可能传染给小猫。如果猫咪跑到户外，也有可能因为接触到别的猫咪而感染。

【治疗】

除了使用除螨药，还可以进行外耳炎的治疗，清洗外耳道或向耳道内滴药水（消炎药物或抗生素）。如果同时饲养了多只猫咪，有一只猫咪发病，其他猫咪很有可能被传染，因此需要对所有猫咪进行治疗。

恶性肿瘤（癌症）

随着猫咪年龄的增长而容易患的疾病

癌症是由于遗传基因突变而产生的，原因可能是遗传基因受到破坏或免疫力下降等。猫咪和人类一样，随着年龄的增长，抵抗力会下降，细胞容易受到损害，从而导致发病率上升。不同身体部位的病症也不同。如果疾病在体表，那么就会表现为肿块，可以通过触摸身体发现。在大多数情况下，刚开始时猫咪仅表现为消瘦，症状并不是很明显。

随着时间的推移，如果疾病转移到其他器官，发现晚了就会有生命危险，因此最好是早发现、早治疗。如果发现猫咪的样子跟平时有些不同，一定要仔细咨询医师。

淋巴癌

【症状】

这是由于承担着免疫功能的淋巴细胞（属于白细胞的一种）产生癌变导致的疾病。这种疾病在猫咪的血液和淋巴肿瘤病中最为常见，很有可能是由于感染了猫白血病病毒而引起的。根据肺部、肠管、中枢神经系统等肿瘤产生的部位不同，所表现出的症状也不同。如果肿瘤产生在肺部，就会引起胸腔积水、咳嗽、呼吸困难等症状；如果肿瘤产生在肠管，就会引起腹泻和呕吐；如果肿瘤产生在中枢神经系统，就会引起身体和四肢的麻痹。

【治疗】

以使用抗癌剂的化学疗法为主，根据具体的症状进行对症治疗。

鳞状上皮癌

【症状】

这是由于鳞状上皮癌变而引起的疾病。所谓鳞状上皮，指的是皮肤、眼角膜等身体表面，以及口腔、食道、鼻腔、气管、支气管等进入体内的通道表面覆盖的组织。只要是有鳞状上皮组织的部位（眼睛、口腔、气管等），都有可能产生这种疾病。长时间接受阳光中紫外线照射的猫咪的耳郭也有可能患上这种疾病。患处会掉毛、结痂或溃疡，也有可能表现出擦伤的症状。如果病情继续发展，则患处还有可能红肿、化脓、出血。

【治疗】

可以进行外科手术，将患处和周边尽可能多切除一些，同时进行放疗和抗癌剂治疗。

乳腺癌

【症状】

这是分泌乳汁的乳腺癌变而产生的疾病。触摸猫咪的乳房时可以发现较硬的肿块。患有乳腺癌的猫咪乳头红肿，有时候乳头还会渗出黄色的分泌物。虽然很少见，但公猫也会发病。

【治疗】

进行外科手术，将患处完全切除。根据不同的症状，也可以采用化学疗法。猫咪的癌症，即使肿块的直径很小，也有很大可能发生癌变，因此早期发现非常重要。另外，如果不希望猫咪繁殖下一代，在1岁之前就要进行绝育手术，据说这样也可以降低患乳腺癌的风险。

不同种类猫咪的易患疾病

纯种猫因是同一品种交配而生，容易患遗传疾病。

受身材大小、身体特征等因素的影响，不同猫咪的易患疾病有所不同。

如果已有心仪的品种，在迎来猫咪之前先了解一下它的易患疾病吧。

猫咪品种	易患疾病
阿比西尼亚猫	肝病、皮肤病、眼病、淀粉样变肾病
美国短毛猫	心脏病（肥厚性心肌病）
苏格兰折耳猫	先天性软骨发育不全、心脏病（肥厚性心肌病）、尿道结石
挪威森林猫	糖原贮积病
波斯猫	肝病、皮肤病、眼病、多发性肾囊肿
曼切堪猫	漏斗胸、关节炎、皮肤病
缅因库恩猫	心脏病（肥厚性心肌病）
布偶猫	心脏病（肥厚性心肌病）
俄罗斯蓝猫	末梢神经障碍

猫咪的绝育

绝育要在 1 岁之前完成

如果不打算让猫咪繁殖下一代，就要考虑为它进行绝育手术。手术的时间最好在发情期和性成熟之前。如果给猫咪做了绝育手术，在饲养猫咪的过程中就能够避免它带来很多让人困扰的行为（如做记号、占领地或发情期叫春等）。

没有绝育的公猫

公猫性成熟的时间通常是在出生后 6 ～ 8 个月，没有绝育的公猫本能上很喜欢划分领地。如果还有其他公猫，它们就会经常发生争斗。从 10 个月左右开始，公猫会喜欢做记号，留下自己的气味，这是本能。公猫没有周期性的发情期，如果身边有发情中的母猫，公猫就会发情。

如果做了绝育手术

绝育手术

内容▶
摘除睾丸

住院▶当天出院或住院一晚

拆线▶不需要

适合的时期▶
出生后 6 个月到 1 岁

优点

- 划分领地的意识变弱，性格变得温和。
- 能够使猫咪从发情期的紧张情绪中解放出来，攻击性减弱。
- 可以防止猫咪做记号、占领地。

缺点

- 手术会给身体造成一定的负担（由于要打麻药，多少会有一些风险）。
- 脂肪的代谢功能降低，容易变胖。
- 据说在猫咪发育早期做绝育手术容易引起泌尿系统疾病。

母猫在发情期的状况

猫咪是在交配时排卵的动物。如果交配了，怀孕的概率非常高；如果没有交配，一周左右的发情状态会持续很多次。

发情是受到日照时间控制的。在日照时间较长的春天容易产生发情现象，人工照明也会引起发情，因此在室内饲养的猫咪如果接受光照的时间过长，其发情时间就要比外面的猫咪长一些。

狗狗在发情期会像人类的月经一样出血，但是猫咪在发情期不会出现这种状况。如果发现猫咪有出血的现象，就很可能是生病了，要尽快带它去医院。

没有绝育的母猫

母猫最初的发情期一般发生在出生4个月以后的春天或秋天，通常都会在5～6个月时发情，但也有个体差异。初次发情之后每半年会迎来一次发情期。如果猫咪正处于发情期，它会坐立不安，像婴儿一样大声叫，并且有尿频的现象，还会在地板上摩擦后背，或者把腰部抬高。

如果做了绝育手术

绝育手术

内容▶
摘除卵巢和子宫
住院▶数日
拆线▶手术后1～2周
适合的时期▶
出生后6个月到1岁

优点

- 可以预防子宫的疾病，并且降低乳腺癌的发病率。
- 能够使猫咪从发情期的紧张情绪中解放出来。
- 可以避免不必要的妊娠。

缺点

- 手术会给身体造成一定的负担（由于要打麻药，多少会有一些风险）。
- 由于运动量减少，可能容易变胖。

发情与划分领地 Q&A

Q1 绝育后还会在室内划分领地吗？

A 做绝育手术能有效防止划分领地。

猫咪是一种明确自己领地、在领地范围内生活的动物。特别是公猫，在发情期，多只饲养时，通常会为了明确自己的领地而做记号，这是它的自然行为。也有在发情期做记号的母猫，还有不论性别只要感受到压力就做记号的猫咪。

不论性别，在发情前做绝育手术都可以有效防止猫咪做记号，可以和经常就诊的宠物医院商量给猫咪做绝育手术的时机。如果是压力引起的做记号，就要努力帮它减压。

为了防止猫咪做记号，可以喷柑橘香味的喷雾，给家具套上罩子，锁上门不让猫咪进入房间等。

Q2 绝育后仍有交配动作吗？

A 可以交配。

即使做了绝育手术，有些猫咪仍会出现交配时的动作。特别是公猫，大多仍残留一定的性行为。交配动作或性行为不会引发疾病，这不是问题。

公猫的划分领地、做记号行为会在绝育后减少，但不会完全消失。猫咪在厕所之外做了记号，如不及时彻底处理，猫咪会反复在该处做记号。要用除臭液等彻底打扫有气味的地方。

有效预防做记号

费利威（FELIWAY）

当猫咪感到不安时，会划分领地、做记号、磨爪等。费利威（FELIWAY）能安抚、舒缓猫咪的情绪，并有效抑制做记号等行为。产品分为喷雾型和扩散型，在宠物医院有售。

费利威（FELIWAY）喷雾

专栏

猫咪的妊娠与分娩

如果希望猫咪繁殖下一代，就一定要对出生后的小猫负责任。如果自己不打算饲养小猫，在没有确定好送给谁饲养之前，不要让猫咪繁殖。如果想要让猫咪繁殖，首先需要向可以信赖的宠物医院的医师或繁育者等具有专业知识的人们学习正确的繁育方法，这样会比较放心。

另外，如果是纯种猫的繁殖，应该由专家来进行，不可以随意繁殖纯种猫。

● 分娩适龄期

母猫最早在出生后 4 个月左右开始发情，生产最好在 1 岁左右，这个时期给猫咪身体带来的负担较小。一旦母猫超过 5 岁，生产就会给身体带来很大的负担，因此 1 ～ 4 岁生产是比较理想的。

● 妊娠时间

猫咪在交配时排卵，因此只要进行了交配，几乎都会怀孕，妊娠时间最短大约两个月。

● 妊娠的征兆

交配后 6 ～ 7 周母猫的乳腺会膨胀，等到快要生产的时候，肚子的大小会相当于平时的一倍，睡觉的时间变长，食欲增加。

→ 怀孕 20 天左右可以通过超声波检查诊断出来。

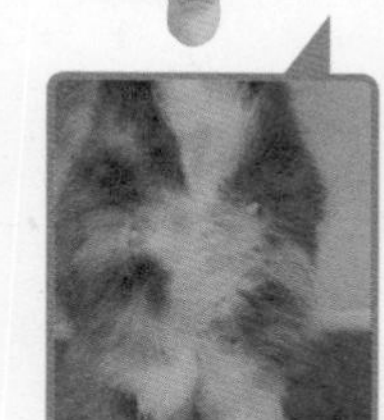

妊娠中的母猫乳腺膨胀的样子

● 出生小猫的数量

通常是 3 ～ 5 只小猫，偶尔也会只生 1 只小猫，或者 1 次生 6 ～ 7 只，每 10 ～ 30 分钟生 1 只。

守护老年猫咪的健康

猫咪从7岁左右开始步入老年

随着医疗的进步、宠物生活质量的提高，猫咪的寿命在逐渐增长，最早会在7岁后出现老化现象。

如猫咪出现了右框内的行为，需要尽早就医，因为背后可能潜藏着老化伴有的疾病。为了尽早发现疾病，需要定期接受健康检查。

老化引起的行为

- □ 无法从高处下来
- □ 嗜睡
- □ 运动量减少
- □ 不在厕所排泄
- □ 叫得很大声
- □ 对事物不再感兴趣
- □ 不再嬉戏、玩耍

老化的信号

胡须、嘴巴周围

白发增多

猫咪鼻子侧方、眼睛上方、下巴、脸颊处的胡须如有颜色，会慢慢变得花白。

耳朵

听不清

即使被叫了名字、听到了响声，猫咪的耳朵也不动。由于很难听到自己的声音，所以猫咪的叫声会变大。

眼睛

看不清

猫咪的视力下降，甚至会撞到其他物体。要注意眼部疾病，如白内障，要仔细观察眼部是否有分泌物，眼睛是否浑浊。

牙齿

开始掉牙

由于齿槽脓漏、患牙周病等，猫咪开始掉牙，口臭严重。严重时伴有疼痛，进食困难。

被毛

失去光泽、干燥

因为不能很好地理毛，体脂分泌失去平衡，猫咪的被毛会变得干燥，起毛球，毛色发生变化（深色部分颜色变浅）。

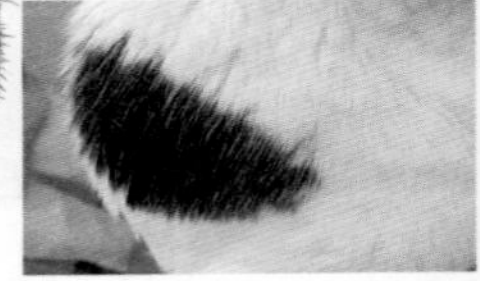

黑色毛的一部分变成了白色

指甲

一直处于伸出状态

如果发现猫咪走路时有咔嚓咔嚓的声音，就要注意了。因老化韧带变松，会让猫咪的指甲一直处于伸出状态，无法像以前一样收回去，容易受伤。

为老年猫咪打造舒适宜居环境的要点

当猫咪进入老年后，平时就要注意观察它身体的变化。很多事情猫咪都做不到了，要帮它打造舒适宜居的环境。

调整食盆、饮水器的高度

猫粮最好换为老年猫咪专用的。老年猫咪的饮水量会增加，要持续给予其新鲜的水，并将食盆放在合适的高度，保证进食过程中猫咪的脖子不需要上下动。

调整家具的高度

调整猫咪喜欢的柜子的高度，将家具布置成阶梯形，方便猫咪上上下下。

准备舒服的床铺

要将猫咪能安稳入睡的床铺放在冬暖夏凉的低处。

调低厕所入口的高度

调低厕所入口的高度，并将厕所移到床铺附近，减少猫咪的走动距离。

需要为老年猫咪做的护理

不要忘记剪指甲

老年猫咪的指甲一直处于伸出状态，磨爪的次数也会减少，长了的指甲容易变卷而受伤。要每个月为它剪一次指甲。

一年做两次体检

比较理想的是一年做两次体检，如果情况不允许，也要一年做一次体检。为了预防疾病，早发现早治疗是最重要的。

仔细打理毛发

猫咪身体的柔软度变得越来越差，自己梳毛的质量越来越低。要每天仔细、温柔地给猫咪梳毛。

逗猫咪活动身体

逗猫咪玩耍，但不要玩得太累。偶尔活动一下身体，也能刺激大脑。

用温热的毛巾擦拭身体

对老年猫咪来说，洗澡时的身体负担较大。感觉猫咪身上脏了或有气味时，可以用温热的毛巾擦拭。眼睛周围、嘴巴周围这些容易脏的地方，可以用沾了温水的棉球擦拭。

了解老年猫咪的更多疾病

猫咪进入老年期，特别是到了10岁以后，很容易患上各种各样的疾病。例如，牙周病、甲状腺功能亢进、慢性肾功能不全。刚才介绍的恶性肿瘤，老年猫咪的患病率也急剧升高。另外，关节炎也是老年猫咪常患的疾病，这是因为对关节起到保护作用的软骨组织随着年龄的增长而减少，从而产生疼痛感。

这些疾病很多都是很难根治的，但是有些疾病可以通过早发现、早治疗来减缓病情的发展。为了让猫咪能够健康长寿，平时应该多关注猫咪的状态，不要错过猫咪生活中每个细小的变化。

注意猫咪认知障碍症症状

随着年龄的增长，脑部功能降低，猫咪可能患上认知障碍症。猫咪出现以下情况，可能是由认知障碍症或其他疾病引起的，所以在观察到以下症状时首先要咨询医师。如果医师诊断猫咪患上了认知障碍症，那么我们就要学会护理猫咪并温柔地守护猫咪。

- □在同一个地方来回徘徊
- □在厕所外排泄，大小便失禁
- □变得爱攻击主人、家人
- □变得神经质
- □夜里叫得很大声

为了离别的那天做好准备

养猫避免不了离别，那是一件很痛苦、很悲伤的事情。但更重要的是好好地送走它，回报一起生活过的、无数次治愈了我们的猫咪。好好地和猫咪告别也有助于我们从悲伤中恢复过来。

可以请宠物殡葬业的专员、陵园的员工等一起送猫咪最后一程，有些宠物医院有介绍宠物殡葬业专员的业务。和家人商量后，选择一个大家都认可的方式送走猫咪。

第8章

防止猫咪出现让人头疼的行为及对策

对于『让人头疼的行为』，首先要预防

了解猫咪的习性之后采取预防措施

猫咪的本性中还残留着野生动物的本能，如“磨爪”“登上高处”“钻进狭小的地方”。这些行为对猫咪来说是很自然的。虽说如此，但如果猫咪在家里做出这些行为，就会给主人带来困扰。

但是对待猫咪不能像对待狗狗一样，为了能够和猫咪更好地相处，有必要了解猫咪到底是一种什么样的动物。因此，首先就来了解一下猫咪的行为特征和习性吧。

在这个基础上我们就可以采取预防措施，避免猫咪产生让人头疼的行为或危险的动作。

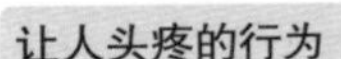

让人头疼的行为

1 不去厕所，在房间的角落排泄

为什么？

如果厕所比较脏，让猫咪感觉不舒服，或者猫砂变质了，猫咪就喜欢在厕所以外的地方排泄。另外，如果有膀胱炎等疾病，猫咪可能来不及上厕所，或者排泄时的疼痛感使猫咪对厕所留下了不好的印象。在这样的情况下，猫咪就喜欢在厕所以外的地方排泄。

尝试这样做

如果猫咪排泄了，要尽快清理干净。如果同时饲养了多只猫咪，需要为每只猫咪分别准备一个厕所。如果改变了猫砂的种类之后，猫咪不喜欢上厕所，那就换回原来的猫砂。

如果我们把厕所打扫得很干净，猫咪还是不在厕所里排泄，而我们也没有发现其他原因，就有可能是猫咪生病了，最好带它去医院。

让人头疼的行为

2 如厕后到处跑

为什么?

貌似很多猫咪喜欢在如厕后到处跑，但原因众说纷纭。排便过程中刺激副交感神经，排便后刺激交感神经，这可能是让猫咪“嗨”起来的原因。

尝试这样做

虽然不能让猫咪停下来，但如厕后到处跑不是病，如果跑一会儿它能安静下来就无须介意。但如果猫咪排泄后的行为与平常不一样，可能是患有便秘、膀胱炎等疾病或肛门腺疼痛。以防万一，最好咨询医师。

让人头疼的行为

3 喜欢在主人刚打扫完厕所时立即排泄

为什么?

猫咪喜欢干净，对气味也很敏感。打扫干净了的厕所不仅好用，而且能让猫咪心情很好。特别是公猫，为了留下自己的气味，有时会在干净的厕所里立即排泄。

尝试这样做

也许猫咪正等着厕所变干净。猫咪用了厕所后，要尽快铲除排泄物和脏了的猫砂。厕所脏了以后，猫咪会忍着不排泄，或者在厕所以外的地方排泄。

让人头疼的行为

4 不喝食盆里的水，喜欢舔厨房水池或浴缸里的水

为什么？

不同的猫咪喜欢饮水的地方和饮水的种类也不同。另外，也许猫咪根本不喜欢装水的食盆。

尝试这样做

有些猫咪喜欢喝新鲜的水，而有些猫咪却喜欢喝洗脸池里的积水，也有些猫咪非常善于饮用流水。首先要经常给猫咪换水，也可以尝试更换食盆，看猫咪是否喜欢喝。如果猫咪一定要去舔厨房水池或浴缸里的水，就要认真清洗污垢，给猫咪创造一个干净安全的饮水环境。

让人头疼的行为

5 频繁吐毛球

为什么？

猫咪在给自己理毛时，会吞下自己的毛。其中一部分与粪便一起排出，而胃里未消化的另一部分会形成毛球被吐出来。猫咪的体质、被毛的质地不同，因此有些猫咪易产生毛球且频繁吐出。

尝试这样做

虽然不用担心猫咪吐了毛球，但可以给频繁吐毛球的猫咪喂抑制毛球的猫粮或有利于毛球排出的药物。如果不放心，建议咨询医师。

让人头疼的行为

6 爬窗帘

为什么？

猫咪原本就喜欢高处，而且喜欢上蹿下跳。所以，从身体轻盈的幼猫时期开始，它就经常爬窗帘玩。要注意窗帘的质地是否容易钩到猫咪的指甲。一旦钩到指甲，猫咪就不能动了。

尝试这样做

虽然不能让猫咪停下来，但可以打造其他能让猫咪上蹿下跳的地方。比如，在窗帘的前面放一个较高的猫爬架，或者用柜子、架子等家具打造出梯度，以方便猫咪攀爬。随着年龄的增长，猫咪慢慢地就不再爬高了。

让人头疼的行为

7 高空抛物

为什么？

这可能是因为物体落下的声音、变形后的样子让猫咪很开心。另外，可能是猫咪幸灾乐祸地想看看主人的反应。

尝试这样做

我们很难制止猫咪做它喜欢的事情，只能不在高处放贵重物品、危险物品。可参考本书前面的内容，设法不让猫咪爬到高处。

让人头疼的行为

8 喜欢跳到主人腿上，用手靠近它的时候会抓人、咬人

为什么?

猫咪会把运动的物体当成猎物或玩具，因此它会经常飞奔到主人的脚边，或者咬主人的手。

尝试这样做

如果猫咪在玩耍的时候非常兴奋，就很有可能抓或咬主人的手。因此，不要直接用手逗猫咪玩耍，一定要使用玩具。但是如果在用手触摸猫咪身体的时候，它突然发怒，也许是因为受伤或生病而感到疼痛，这时要尽早带它去医院。

让人头疼的行为

9 半夜发出奇怪的叫声

为什么?

有可能是没有绝育的公猫正在发情，如果是上了年纪的猫咪也会这样，这都是很自然的情况。

尝试这样做

如果是没有绝育的公猫，过了发情期或做了绝育手术，大声叫的情况就会减少。如果是上了年纪的猫咪，这是由于年龄的增长而产生的状况，我们要好好安抚它。不管怎样，如果实在觉得很吵，也可以在别的房间里睡觉。老年猫咪由于甲状腺功能亢进等原因，有可能在清晨睡醒后大声嗥叫。如果猫咪的叫声让你担心，就要立刻去医院咨询医师。

让人头疼的行为

10 半夜拍打主人的脸，或者早上很早就把主人吵醒

为什么？

猫咪半夜拍打主人的脸，或者早上很早就开始叫，说明它想要主人陪它玩耍。猫咪本来就是夜行动物，因此在人类睡觉的时候它却想玩耍。

尝试这样做

因为猫咪想要主人陪它玩耍，这时候我们可以陪伴它或在它进不去的房间里休息。如果猫咪很早就开始叫，也有可能是它肚子饿了，这时候可以给它喂食，让它安静下来。但是注意不要让猫咪的这种行为成为习惯，也不要给它过多的食物。

让人头疼的行为

11 把塑料袋咬成碎片，还喜欢咬布料

为什么？

可能是猫咪喜欢塑料袋或布料的质感，但也有些猫咪由于情绪紧张而产生了心理疾病，从而喜欢咬特定材质的东西。

尝试这样做

如果猫咪吞下塑料袋就会比较危险，因此可以把塑料袋放在猫咪找不到的地方。如果猫咪总是咬布料，那也可以将其藏起来让猫咪无法接触到。如果猫咪总是咬同一种材质的东西，那最好去医院咨询一下医师。

让人头疼的行为

12 用爪子抓挠墙壁、家具和地毯等

为什么?

磨爪是猫咪的本能，这是因为它想要打磨自己的指甲，想要在自己的领地上做记号，或者是因为它的情绪不稳定，想要发泄紧张的情绪等。

尝试这样做

在我们刚开始养猫的时候，就要让它养成使用猫抓板的习惯。猫抓板的材质可以是瓦楞纸质、木质或地毯等布料，类型可以是竖在墙壁上的或平放在地板上的。我们可以多准备几种类型的猫抓板并观察猫咪的喜好。为了让猫咪随时随地都可以自由地磨爪，还可以在多个地方放置猫抓板。另外，不要忘了给猫咪修剪指甲。如果很担心猫咪在某些地方磨爪，还可以使用防止猫咪磨爪的外罩来进行防护。

让人头疼的行为

13 跳到桌子、衣柜等不想让猫咪跳上去的地方

为什么?

猫咪本来就喜欢跳到高处，它本能地认为“高处 = 安全地带”。不同的猫咪喜欢跳到的高处也不同，这种情况是养猫之后不可避免的。

尝试这样做

在不想让猫咪跳上去的地方附近，不要放置便于猫咪登高的物品，还可以在不想让猫咪跳上去的地方贴上双面胶。即使训斥猫咪，它也不会明白。还有一种方法就是，每当猫咪跳上高处之后，就对着猫咪用喷壶喷水，这样会给猫咪留下不好的印象，使它不再想跳到高处。但是要注意喷水的时候不要让猫咪发现是主人在向它喷水，可以站在稍微远一些的地方悄悄地向猫咪喷水。这样猫咪就会觉得，一旦跳到这里就会有水落下来，之后便不会再跳上去了。

让人头疼的行为

14 听到很大的声响或有客人来的时候就害怕地躲起来

为什么?

这是猫咪在听到很大的声响的时候，为了保护自己而采取的戒备行为，特别是胆小的猫咪更会感到害怕。如果猫咪害怕家人以外的人，这说明主人在社会化时期没有让猫咪与外人充分接触。

尝试这样做

一旦开始养猫，在社会化时期，就要让猫咪充分习惯各种声音或接触其他人。如果接受了训练，猫咪还是很胆小，或者你饲养的是一只成年的猫咪，那么可以在猫咪感到害怕的时候温柔地对它说"没关系"，并静静地守护它。

如果家里来客人，正好猫咪从隐藏的地方走了出来，则可以让客人在稍微远一些的地方用玩具和猫咪玩耍，使猫咪慢慢接受客人的存在。

让人头疼的行为

15 给猫咪梳理被毛或剪指甲的时候它总是抓狂

为什么?

猫咪本来就不喜欢别人触摸自己身体的末端部位（嘴边、四肢、尾巴等），特别是平时不习惯被触摸身体的猫咪，如果身体被按压或被触摸，就会因为讨厌而奋力抵抗。

尝试这样做

可以在猫咪放松的时候抚摸它，让它习惯身体被触摸。如果这样猫咪还是很讨厌，就不要勉强它。如果一定要给猫咪进行护理，则可以请专业人士帮忙处理。

让人头疼的行为

16 饲养流浪猫，它却总是与你亲近不起来

为什么？

由于流浪猫在社会化时期没有接触人类或其他猫咪，所以在饲养的时候它总是不与人亲近，而且心存戒备。

尝试这样做

如果家人和生活环境能够让猫咪放心，它的戒备心也会渐渐放下。不要做猫咪讨厌的事情，尽可能给它自由，耐心地等待猫咪习惯家庭生活。然而，无论怎样习惯，长时间在野外生存的猫咪都不可能完全失去戒备心。也许会有些遗憾，此时还是不要期待猫咪会向我们撒娇了。

让人头疼的行为

17 总是想出门

为什么？

有些猫咪即使是在室内饲养的，也会对外面的世界产生兴趣；有些猫咪原本就是外面的流浪猫，只要大门敞开一条缝隙，就想要钻出去。

尝试这样做

如果做了绝育手术，猫咪的性格会变得温和而不怎么想要外出。但如果是室内饲养的野猫，无论如何都会想要跑到室外。如果不想让猫咪出门，那就要多加注意，窗户和门一定要关闭。另外，家人也要养成随手关门的习惯，不要让门开着。

让人头疼的行为

18 总是舔身体某个特定的部位，导致那个部位的毛发已经脱落

为什么？

如果猫咪感到紧张、焦躁不安，或者感到无聊，就会出现这种现象。另外，有时候也可能是皮肤病引起皮肤瘙痒导致的。

由于情绪紧张过度舔舐腹部，腹部的毛发已经脱落

尝试这样做

如果是情绪紧张造成的，可以给它买新玩具和猫爬架，为猫咪打造一个可以随时随地尽情玩耍的环境。如果猫咪经常舔的地方发红，看起来像有皮肤病，在原因不明的情况下，就要去医院进行咨询。

让人头疼的行为

19 原来的猫咪和新来的猫咪性情不和，频繁地打架

为什么？

如果同时饲养的多只猫咪性情不和，它们就会经常打架。

尝试这样做

如果同时饲养了多只猫咪，刚开始的时候它们可能经常打架，等习惯了之后，打架的次数就会减少。但是也有些猫咪因为性情不和而总是不能与其他猫咪很好地相处。这种情况请参考第 2 章“如果家里原先有猫咪”一节，按步骤让它们慢慢习惯对方。如果做了很多努力，它们还是无法接受对方，那么就不要让它们生活在一起，可以分两个房间或分别在不同的猫笼里饲养它们，尽量不要让猫咪产生紧张、焦虑的情绪。

让人头疼的行为

20 如果有别的猫咪在附近就不愿意吃饭

为什么？

如果同时饲养了多只猫咪，新来的猫咪可能对原来的猫咪持谨慎戒备的态度。如果新来的猫咪性格软弱，比较神经质，那么当有别的猫咪在旁边时，它就有可能不吃饭。

尝试这样做

要给每只猫咪分别准备食盆。即使这样，仍有些猫咪明明饿着肚子也不去吃饭，而总是焦虑地磨爪。如果有一只猫咪完全没有吃饭的意思，那么就让它在不同的房间里吃饭吧。

如果猫咪逃跑了

外面危机四伏，尽快想办法寻找

猫咪的好奇心强，对外面的世界充满了期待。无论怎么注意，只要打开门窗，它就会乘机跑出去。猫咪在外面可能遇到交通事故，也可能被传染上疾病。有时猫咪出去后会感到害怕，躲在阴暗处一动不动，不吃不喝。这时候尽早找到它是最重要的。

如果猫咪跑出去了

首先在家附近寻找

一边呼唤猫咪的名字，一边在家附近寻找。在外面如果想要抓住猫咪，要防止它暴躁发狂，需要准备它平时喜欢吃的零食、手套、洗衣网袋、托运箱等。

制作传单

向附近的邻居发传单，并在附近的超市、社区、宠物医院等的公告栏上贴上传单寻找猫咪。传单上要有猫咪的照片、主人的联系方式。

询问相关部门或用社交媒体软件扩散消息

询问附近的社区动物保护中心等相关部门，或者用社交媒体软件等扩散猫咪走失的消息。

植入芯片

以前，为了在猫咪走失时能及时找回它，人们会在猫咪的项圈上挂上名牌或ID胶囊（装入写明地址、名字的纸条）。现在，可以通过皮下注射的方式将记录了地址信息的芯片植入猫咪体内。万一猫咪走失后被人捡到，可以通过专用机器读取芯片中的信息。欧美地区给狗狗植入的普通芯片，在日本尚处于发展阶段。如想给猫咪植入芯片，可以先咨询宠物医院。

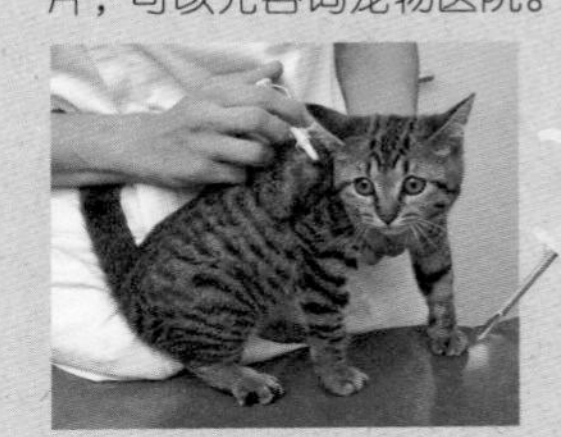

用像注射器一样的器具，在猫咪背部植入芯片

提前准备好避难时用的托运箱等随身物品

为了避免灾难来临时手忙脚乱，我们需要提前做好各项准备。准备好一些猫咪常用的东西放在玄关附近，就能做到临危不乱。为了避免猫咪在避难过程中走失，要给猫咪佩戴项圈或植入芯片。手机中要保存猫咪的照片，有助于走失时寻找。

另外，要事先确认附近社区的避难所是否允许携带宠物进入。如果不让带宠物，要将猫咪寄存在合适的机构。

避难时的必需品

背包型宠物包

避难时需要移动，选择能空出双手的背包型宠物包比较好。
Smart Charmy Rucksack(适合超小型和小型犬、猫)Ⓓ

折叠式软托运箱

轻巧柔软、有一定的空间，适合在避难所使用。折叠起来即可收纳。

猫咪用品

☐ **饮用水**
准备 3 天的量，1kg 体重的猫咪每天需要 40ml ～ 60ml 水。

☐ **猫粮和便携式食盆**
未开封的猫粮、能补充营养和水分的罐头。

☐ **药品**
常用药。

☐ **卫生用品**
多装一些上厕所用的垫子。

☐ **项圈、信息签**
以防万一。

☐ **方便的物品**
毛巾、塑料袋、洗衣网袋、报纸等。

每只猫咪都应该被精心照护

k 宝
豆花
M
瓜瓜
Lily
大白
卡卡
蛋黄和小可爱
Miko

※ 图片为中国读者的猫咪。

图书在版编目（CIP）数据

我的第一本养猫书：全新修订版 / 日本阿尼霍斯宠物医院著；李晶，庞倩倩译.
北京：电子工业出版社，2022.10
ISBN 978-7-121-43868-4

Ⅰ.①我… Ⅱ.①日… ②李… ③庞… Ⅲ.①猫－驯养－基本知识 Ⅳ.① S829.3
中国版本图书馆CIP数据核字（2022）第113503号

责任编辑：周　林
印　　刷：河北鑫融翔印刷有限公司
装　　订：河北鑫融翔印刷有限公司
出版发行：电子工业出版社
　　　　　北京市海淀区万寿路173信箱　邮编：100036
开　　本：880×1230　1/32　印张：6.25　字数：230千字
版　　次：2017年1月第1版
　　　　　2022年10月第2版
印　　次：2022年10月第1次印刷
定　　价：58.00元